JN033730

エレガントな解答をもとむ

名作セレクション
2000~2020

数学セミナー編集部
【編】

日本評論社

はじめに

　本書は，月刊誌『数学セミナー』(日本評論社)にて 1962 年の創刊当初から続いている名物コーナー「エレガントな解答をもとむ」の傑作選です．「エレガントな解答をもとむ」とは，数学者を中心とする出題者により毎号 2 題が出題され，読者から解答を募り，その中から解法がエレガントなものを出題者の解説とともに誌面にて紹介するコーナーです．

　このコーナーは過去に，4 冊の増刊号と書籍

　『数学の問題 —— エレガントな解答をもとむ(第 1 集)』(1977 年)
　『数学の問題 —— エレガントな解答をもとむ(第 2 集)』(1978 年)
　『数学の問題 —— エレガントな解答をもとむ(第 3 集)』(1988 年)
　『エレガントな解答をもとむ selections』(2001 年)

としてまとめられてきました．

　本書には，2000 年 1 月号から 2020 年 12 月号までの 20 年間に出題された問題を掲載します．この期間に出題された問題数は 480 にのぼりますが，その中から厳選した良問・奇問を 32 題掲載しています．

　また，「エレガントな解答をもとむ」の出題者 4 名の方々に，「問題の作り方・解き方」をテーマとしたエッセイをお書きいただきましたので，そちらもぜひともお楽しみください．

　本書は『数学セミナー』創刊 60 周年を記念して企画されたものです．61 年目以降も引き続き興味深い問題と鮮やかな解答をお楽しみいただけることでしょう．本誌も併せてご一読ください．

2022 年 9 月

『数学セミナー』編集部

目次

はじめに……i

問題篇……1

コラム●
「エレガントな解答をもとむ」問題の作り方・解き方　一松 信……26

解答篇……37

問題 1　清宮俊雄……38

問題 2　細川尋史……42

問題 3　ピーター・フランクル……46

問題 4　知念宏司……54

問題 5　佐久間一浩……58

問題 6　安田 亨……65

問題 7　永田雅宜……74

問題 8　縫田光司……78

問題 9　中本敦浩……85

問題 10　一松 信……91

問題 11　大島邦夫……98

コラム●
エレガントな問題？　竹内郁雄……103

問題 12　斎藤新悟 ⋯⋯ 112

問題 13　岩井齊良 ⋯⋯ 120

問題 14　加納幹雄 ⋯⋯ 129

問題 15　濵中裕明 ⋯⋯ 134

問題 16　小関健太 ⋯⋯ 144

問題 17　岩沢宏和 ⋯⋯ 151

問題 18　植野義明 ⋯⋯ 161

問題 19　徳重典英 ⋯⋯ 170

問題 20　天羽雅昭 ⋯⋯ 177

問題 21　小谷善行 ⋯⋯ 181

問題 22　浅井哲也 ⋯⋯ 186

コラム●
エレガントな問題の作り方　山田修司 ⋯⋯ 196

問題 23　竹内郁雄 ⋯⋯ 204

問題 24　加古 孝 ⋯⋯ 207

問題 25　西山 豊 ⋯⋯ 212

問題 26　土岡俊介 ⋯⋯ 221

問題 27　米澤佳己 ⋯⋯ 229

問題 28　河添 健 ⋯⋯ 235

問題 29　山田修司 ⋯⋯ 239

問題 30　今井貞三 ⋯⋯ 246

問題 31　有澤 誠 ⋯⋯ 252

問題 32　阿原一志 ⋯⋯ 256

コラム●
「エレガントな解答をもとむ」問題の作り方・解き方　清宮俊雄 ⋯⋯ 266

出題者紹介・初出一覧 ⋯⋯ 282

問題篇

△ABC において ∠BAC > 90° とする．辺 BC 上に点 D, E を

∠BAE = ∠CAD = 180° − ∠BAC

であるようにとり，辺 AC, AB 上にそれぞれ点 F, G を

∠ADF = ∠ABC,　　∠AEG = ∠ACB

であるようにとれば

GF∥BC,　　DF = EG = FG

であることを証明してください．

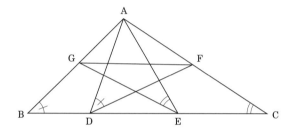

▶解答は 38 ページ

一辺が 1 の正方形をタテに m 段，横に n 列並べた長方形 ABCD を考えます．このとき，長方形 ABCD の対角線 AC（または BD）がこの長方形を構成する mn 個の正方形のうち何個の正方形を横切るのでしょうか？　すなわち，この対角線の横切る正方形の個数を $A(m, n)$ とすると，$A(m, n)$ を m, n を使ってあらわしなさい，というのが問題です．たとえば，$A(2, 4) = 4$ となることを図を描いて確認してみてください．

▶解答は 42 ページ

3
出題者
ピーター・フランクル

次の二つの条件を満たす，10進法で表された数 M を吉兆と呼ぶ．

（ⅰ）M は 2020 で割り切れる．

（ⅱ）M の各桁の数字の和はちょうど 2020 である．

例えば

$\qquad$ 202020…2020　（2020 を 505 回繰り返す）

は吉兆である．しかし物凄く大きい．そこで皆さんにはなるべく小さい吉兆な数
を見つけてほしい．

余裕がある方は 2020 を 2018 や 2019 に置き換えた問題も考えてください．

▶解答は 46 ページ

4
出題者
知念宏司

次の性質を満たす最小の自然数 N を求めよ：

「600 以下の自然数からどの N 個を選んでも，その中に互いに素な 2 つの自然
数の組が存在する．」

▶解答は 54 ページ

5
出題者
佐久間一浩

$$k = \sqrt[3]{\sin\frac{\pi}{14}} - \sqrt[3]{\sin\frac{3\pi}{14}} + \sqrt[3]{\sin\frac{5\pi}{14}}$$

とする．このとき，k の値（三角比を用いない表示）を求めよ．

余裕のある方は，k^3 の最小多項式（k^3 を根にもつ整数係数の多項式で次数が最
小のもの）を求めてみてください．

▶解答は 58 ページ

3

6 安田 亨

a は 1 と異なる正の定数である．指数関数

$$f(x) = a^x$$

の逆関数を $g(x)$ とする．方程式

$$f(x) = g(x)$$

を満たす実数解の個数を求めよ．

▶解答は 65 ページ

7 永田雅宜

四面体(三角錐)の 4 個の面が，すべて互いに合同ならば，その三角形の面は鋭角三角形であることを示せ．

[コメント] 鋭角三角形を与えれば，4 面がすべてそれと合同であるような四面体があることが知られている．上の問題は，その逆を示すものである．

▶解答は 74 ページ

8 縫田光司

以下の問題(∗)について考えます．

(∗) 1, 2, □, 5, 4, ⋯ という数列の □ に入る数は何でしょうか？

おまけ問題 上記の問題(∗)について，どの整数を「答え」としても数学的に正しい理由付けが可能であることを示してください．より詳しくは，どの整数 n を「答え」とした場合にも，4 次以下の有理数係数の多項式 $P(x)$ で，

$$P(1) = 1, \quad P(2) = 2, \quad P(3) = n,$$
$$P(4) = 5, \quad P(5) = 4$$

を満たすものが常に存在します．(なお，これ自体はよく知られた事実ですので，このおまけ問題への解答は不要です．ご存知でなかった方は，せっかくなので考

えてみてください.）

本題 「おまけ問題」の事実を踏まえた上で，あなたが選ぶ上記の問題（＊）の「答え」（つまり，□に入る数）と，そのできるだけエレガントな理由付けをお答えください．なお，本出題では以下の二つの部門を設けますが，片方のみへのご解答でも両方へのご解答でも構いません．

- 【数式部門】 できるだけエレガントな「数式」による理由付けを添えた解答を募集します．ここでの「エレガント」は例えば，見た目の簡潔さ，場合分けの少なさ，などが考えられます．
- 【無差別級】 「数式」に限らず，いわゆる頭の体操的なものも含めたエレガントな理由付けによる解答を募集します．

▶解答は 78 ページ

9 出題者 中本敦浩

P_1, P_2, P_3 を頂点とする正三角形を考えます．頂点 P_1 について，その頂点を含む線分 $\overline{P_1P_2}$ と $\overline{P_1P_3}$ のそれぞれを n 等分する点を取り，P_1 から数えて i 番目どうしの点を直線分で結びます（$i = 1, \cdots, n-1$）．この操作を P_2 と P_3 についても行い，得られた正三角形格子を T_n とします．

ここで問題です．T_n において，線分が 2 本以上交わる点を頂点とする正三角形は全部でいくつあるでしょうか．ただし，求める正三角形のなかには T_n と線

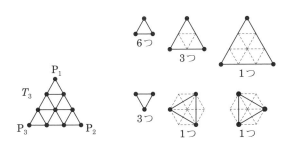

5

分を共有しないものもあることに注意してください．例えば，T_3 のなかの求める正三角形の総数は 15 個です．

短いエレガントな解答を期待しています．

▶解答は 85 ページ

10 出題者 一松 信

辺長 1 の正三角形 ABC の 3 頂点からの距離 PA, PB, PC がすべて有理数である点 P を全有理距離点とよぶことにします．

初級問題　正三角形の辺上および外接円の周上に，全有理距離点が無限個あることを証明してください．

上級問題　正三角形の内部にある全有理距離点の実例(3 個の距離)を挙げてください．ただし結果だけでなく，どのようにして求めたか，経過も記述してください．コンピュータによる探索も歓迎します．

▶解答は 91 ページ

11 出題者 大島邦夫

2 次元配列 (i, j), $i = 1, 2, \cdots$, $j = 1, 2, \cdots$ に次のような順番をつけます．

$(1, 1) = 1$, 　$(2, 1) = 2$, 　$(1, 2) = 3$,

$(3, 1) = 4$, 　$(2, 2) = 5$, 　$(1, 3) = 6$,

$(4, 1) = 7$, 　$(3, 2) = 8$, 　$(2, 3) = 9$,

$(1, 4) = 10$, 　$\cdots\cdots$, 　$(i, j) = k$, 　$\cdots\cdots$,

(1) 第 k 番目を i と j を用いて表わしてください．

(2) (1)で用いた方法とは異なる方法を，ほかに 2 種類以上考えて，それぞれの方法で解を求めてください．

(3) (1)の方法も含めて一番エレガントである方法について，なぜそうであ

るかを記してください.

▶解答は 98 ページ

12 出題者 斎藤新悟

n を正の整数とする. 相異なる n 個の正の整数からなる集合 X が,

$$A, B \text{ が } X \text{ の部分集合で } \sum_{x \in A} x = \sum_{x \in B} x \text{ ならば } A = B$$

という条件を満たしつつ動くとき,

$$\sum_{x \in X} \frac{1}{x}$$

の最大値を求めよ.

ただし, 有限集合 S に対して, $\sum_{x \in S}$ は x が S のすべての元を動くときの和を表しており, S が空集合のときはこの和は 0 であると考える.

▶解答は 112 ページ

13 出題者 岩井齊良

次の作業ができる定規を**原始定規**と呼ぼう.

- 任意の 2 点 A, B を結ぶ線分 AB を描く

原始定規はこれ以外のことはできないものとする.

これに対し,

- 任意の 2 点 A, B を結ぶ線分 AB および AB を好きなだけ延長した線分を描く

ことのできる定規を**マクロ定規**と呼ぼう.

しかし，マクロ定規といえど，A, B を通る(無限に長い)直線を描くことはできない.

また，次の作業ができるコンパスを**原始コンパス**と呼ぼう.

- 任意の点 A を中心とし，ほかの点 B を通る円を描く

原始コンパスはこれ以外のことはできない.

これに対し，

- 1点 A と線分 BC があるとき，コンパスを線分 BC にあてがって半径を決め，コンパスをそっと移動して A を中心に半径 BC の円を描く

ことのできるコンパスを**マクロコンパス**と呼ぼう.

原始定規と原始コンパスは一見不自由のように見えるが，じつは，

定理　原始定規と原始コンパスがあれば，マクロ定規，マクロコンパスと同じ作業ができる.

この定理を証明してください.

(番外編)　上の問題では物足りない人のためにプレゼント．原始コンパスだけを使って，次の作図をしてください.

- 2点 A, B が与えられたとき，AB の中点.
- 3点 A, B, C が与えられたとき，A を中心とする半径 BC の円.

▶解答は 120 ページ

14 出題者 加納幹雄

　若奥さんは友人から平らな長方形のチョコレートケーキをもらいました．彼女は子供2人と自分の3人でこのケーキを，スポンジ部分もチョコレートの部分も等しくなるように切り分けて食べたいと思っています．このような切り分けができることを示してください．なお，チョコレートは上面と側面に均一に塗られています．

　これが次の問題と同値になることは容易にわかるでしょう．平面上の長方形を，内部の点 A と A から出る3本の半直線で，次の条件を満たすように分けることです．なお，条件(iii)は彼女の追加要求です．

　　(i)　面積を3等分割し，

　　(ii)　外周を3等分割し，

　　(iii)　3つの部分の形が異なるようにする．

図1　ケーキの3等分割(左)，長方形の3等分割(中)，条件(iii)を満たさない3等分割の例(右)

▶解答は129ページ

15 出題者 濱中裕明

　平面上の三角形 ABC の各辺の延長上に点 $L_B, L_C, M_A, M_C, N_B, N_C$ を次のようにとる．

- 辺 AB の A の側の延長上に L_B，B の側の延長上に M_A をとる．
- 辺 BC の B の側の延長上に M_C，C の側の延長上に N_B をとる．
- 辺 CA の C の側の延長上に N_A，A の側の延長上に L_C をとる．

- $AL_B = AL_C = BM_A = BM_C = CN_B = CN_A$

このとき,

- 直線 $L_B L_C$ と直線 $M_C M_A$ の交点を C'
- 直線 $M_C M_A$ と直線 $N_A N_B$ の交点を A'
- 直線 $N_A N_B$ と直線 $L_B L_C$ の交点を B'

とおくと,AA′, BB′, CC′ は1点で交わることを示してください.

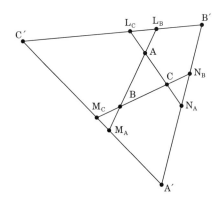

▶解答は134ページ

16 小関健太
出題者

　図1のように正三角形が並んでいる図形を **n 段の三角格子** とよぶ.ただし,n は外側の各辺に並んでいる正三角形の数である.

　三角格子の頂点を何色かで塗り,3頂点がすべて同じ色の正三角形(**単色三角形** とよぶ)を見つけたい.ただし,単色三角形はいくつかの小三角形を貼り合わせた正三角形のなかから探す.向きは上向きでも下向きでも構わないとする.例えば図2(左)には四角で囲った3点を頂点とする単色三角形が存在するが,(右)の

図1 4段の三角格子

丸で囲った3点は単色三角形を構成せず，実際に単色三角形が存在しない塗り方となっている．

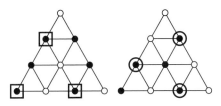

図2 単色三角形のある塗り方(左)とない塗り方(右)

(1) 4段の三角格子は，頂点をどのように2色で塗っても単色三角形を持つことを示せ．

(2) 5段の三角格子の3色での頂点の塗り方で，単色三角形を持たないものを一つ示せ．

(3) 10000段の三角格子は頂点をどのように3色で塗っても単色三角形を持つことを示せ．

なお，(3)はもっと大きな三角格子で考えても構わない．少々大きくとも，より簡潔な議論を期待する．また，(1)や(2)のみの解答も歓迎する．

▶解答は144ページ

17 岩沢宏和
出題者

　長さが 1 の線分だけを使って図形を描きます．そのとき，描かれた図形によって，線分どうしの相対的な位置関係が一意に決まる部分があるとき，その部分は「作図できた」と考えることにします．たとえば，図(A)では辺長 1 の正 3 角形の作図ができていますが，(B)では，各角が直角である保証はないので，これだけでは正方形の作図にはなりません．(C)では PQ の部分で長さ 2 の線分が作図できています．(D)の場合，一部の位置関係は確定していませんが，∠PQR の部分は確定しており，90 度の作図ができています．

(1) できるだけ少ない本数で(もし可能なら 8 本以内で) 90 度を作図してください．

(2) できるだけ少ない本数で(もし可能なら 8 本以内で) 20 度を作図してください．

(3) (2)で考えた 20 度というのは，いわゆる「コンパスと定規での作図」が不可能な角度です．そこで，その意味だと不可能ながら，本問での作図ルールなら 10 本以内の線分で作図可能な角度や長さの例((2)の答えから派生する自明なものを除きます)を見つけてください．ただし，そのままだと条件が厳しすぎるし，作図も煩雑になるので，「線分をまっすぐにつなげる」場合と「共通点をもつ線分どうしの角度を 90 度にする」場合に限っては，それらの部分の作図に必要な補助的な線分を省略してよいことにします．この場合，たとえば $\sqrt{5}$ は，(E)のとおり 3 本で作図できます．

(1)〜(3)のうちの一部だけの解答も歓迎します．

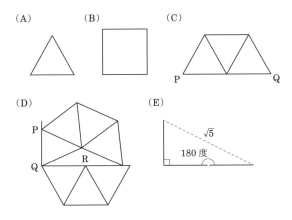

(A)　　　(B)　　　(C)

(D)　　　(E)

▶解答は 151 ページ

出題者
18 植野義明

漸近線が互いに直交する双曲線を直角双曲線といいます．△ABC の重心を G とするとき，4 点 A, B, C, G を通る直角双曲線はただ一つ存在するといえるでしょうか．

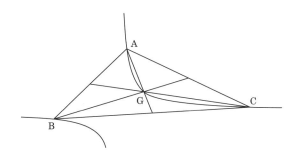

▶解答は 161 ページ

19 出題者 徳重典英

一辺の長さが1よりわずかに小さい正三角形の壁穴があります．一辺の長さが1の正四面体は，この壁穴を通過できるでしょうか．

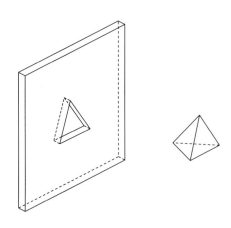

▶解答は170ページ

20 出題者 天羽雅昭

縁のない正方形 S を用意し（どこにある？），それを次の2つの条件が満たされるように無限個の部分 $S_1, S_2, S_3, \cdots$ に分けてください．

(1) 各 S_n は1つの部分からなる（最小単位は1点）．

(2) これらを適当に配置し直すと，縁のある正方形になる．

註　念のために，縁（境界）のある正方形と縁のない正方形とは何かを明確にしておきましょう． xy 平面上の正方形

$$\{(x,y) \mid 0 \leq x, y \leq 1\}, \quad \{(x,y) \mid 0 < x, y < 1\}$$

は，それぞれ縁あり，縁なしです．

▶解答は177ページ

21 出題者 小谷善行

チェス（西洋将棋）を使ったパズルに，ナイト・ツアー（あるいは桂馬道）がある．チェスのナイト（knight）という駒は，縦方向2歩＋横方向1歩，または横方向2歩＋縦方向1歩離れたマス目に移動できる．これで縦横8×8のチェス盤のマス目すべてを1回ずつ訪れて元のマス目に戻るループを作る問題である．

今回，似たようなことを将棋の駒でできないか考える．将棋の王という駒は回り8箇所に動ける．王は，9×9マスの将棋盤81マスを1回ずつ訪れて元に戻れる（金なども同様）．縦と横にしか動けない飛車という駒は，どのようにしても80マスの周遊しかできない（なぜでしょう）．

ここで，よく分かりにくいのが銀という駒である．図のように斜めと直進1歩の動きができる．今回は，「銀が将棋盤のマス目を1回ずつ訪れて元に戻る経路で，回るマス目の数についての最大値を示せ」という課題である．

ある経路を示していただいて結構だが，それが最大値であることを証明しなくてはならない．

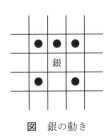

図　銀の動き

▶解答は181ページ

22 出題者 浅井哲也

次の事実はよく知られたことなのでしょうか．私はつい最近になって初めて知って大いに感激しました．

正 7 角形の対角線の長さには，辺の長さも含めると 3 種類あるが，それを短い
ものから順に a, b, c とする．このとき，つぎの等式が成り立つ．

$$\frac{1}{a} = \frac{1}{b} + \frac{1}{c}$$

　たいへん美しい関係なので，いろいろ試してみたところ，やっと正 23 角形で似
た関係を見つけました．ここからが問題です．つぎの事実を証明してください．

　正 23 角形の対角線の長さには，辺の長さも含めると 11 種類あるが，それを短
いものから順に $a_1, a_2, \cdots, a_{11}$ とする．このとき，つぎの等式が成り立つ．

$$\frac{1}{a_1} + \frac{1}{a_3} + \frac{1}{a_9} + \frac{1}{a_{10}}$$

$$= \frac{1}{a_2} + \frac{1}{a_4} + \frac{1}{a_5} + \frac{1}{a_6} + \frac{1}{a_7} + \frac{1}{a_8} + \frac{1}{a_{11}}$$

▶解答は 186 ページ

23 竹内郁雄
出題者

　数式の中でカッコは重要な役割をはたします．特殊な記号を使わない「常識的
な範囲の」数式で，カッコの有無や位置が違うだけで，$x+y, x-y, y-x$ の意味に
なってしまうものをつくってください．記号が少ないほどいいとします．なお，
かけ算は $x \times y$ のように陽に $\times$ と書いてください．「記号の数」は敢えて厳密に
定義しませんが，たとえば，$\max(x^2, \sqrt{y \times 10})$ は max，x，2，コンマ，ルート記号，
y，$\times$，1，0 とカッコ 2 個，全部で 11 個の記号と数えるのが妥当だと思っていま
す．また，カッコのつけ方で 3 つの数式の記号の数は変わり得ますが，そのうち
一番記号が多いものを計測の対象とします．
　この問題ができたら，カッコのつけ方で $x+y, x-y, x \times y$ に変身する式にも挑
戦してください．

▶解答は 204 ページ

24

出題者

加古 孝

複素数 $z = x+iy$, $w = u+iv$ (x, y, u, v は実数, $i = \sqrt{-1}$ は純虚数)に対して, λ を実数 $\mathbb{R}$ の範囲で動かして

$$F(z, w) \equiv \sup_{\lambda \in \mathbb{R}} \frac{|\lambda - z|}{|\lambda - w|}$$

により $F(z, w)$ を定めます(ただし, $\sup\limits_{\lambda \in \mathbb{R}}$ は, 実数 $\mathbb{R}$ の範囲で λ を動かしたときの「上限 $\equiv$ 上界の最小値」を表します. また, $|\cdot|$ は複素数の絶対値). さて, x, y, u を固定して $|v|$ を無限に大きくしたときの極限

$$\lim_{|v| \to \infty} F(x+iy, u+iv)$$

は存在するでしょうか. 存在する場合にその値はどうなるでしょうか.

▶解答は 207 ページ

25

出題者

西山 豊

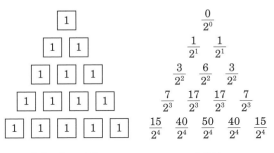

体重はすべて同じ　　　　　　　　　負荷量

生徒たちが組体操で人間ピラミッド(俵積み)を作ります. 生徒の体重をすべて同じで 1 としたとき,

- 上から 1 段目の生徒にかかる負荷量は 0,
- 上から 2 段目の生徒にかかる負荷量は $\dfrac{1}{2}$ と $\dfrac{1}{2}$,
- 上から 3 段目の生徒にかかる負荷量は

$$\frac{\frac{1}{2}+1}{2} = \frac{3}{4},$$

$$\frac{\frac{1}{2}+1}{2} + \frac{\frac{1}{2}+1}{2} = \frac{6}{4},$$

$$\frac{\frac{1}{2}+1}{2} = \frac{3}{4}$$

のように計算できます.

p を奇素数とするとき，上から p 段目の負荷量の分子は，すべて p で割り切れることを証明してください.

この事実は宮永望さん（日本数学協会）が発見されました.

▶解答は 212 ページ

26 出題者 土岡俊介

以下の命題の真偽を調べよ:

任意の自然数 $n \geq 1$ に対し，次の等式が成り立つ.
$$\left\lfloor \frac{2n}{\log 2} \right\rfloor = \left\lceil \frac{2}{\sqrt[n]{2}-1} \right\rceil$$

ここで実数 x について，$\lfloor x \rfloor$ は x 以下の最大の整数で，$\lceil x \rceil$ は x 以上の最小の整数である. $n = 2$ なら

$$\frac{2n}{\log 2} = 5.77\cdots,$$

$$\frac{2}{\sqrt[n]{2}-1} = 4.82\cdots$$

より，等式 $\lfloor 5.77\cdots \rfloor = 5 = \lceil 4.82\cdots \rceil$ を得る.

▶解答は 221 ページ

27 米澤佳己

出題者

初歩の解析学の教科書を見ると，連続性に関係した関数の例がいろいろ与えられています．今回はそのような例の一つとして次のような不連続な関数 f が存在することを示してください．（以後 $\mathbb{R}$ を実数全体の集合，$\mathbb{N}$ を自然数全体の集合とします．また，実数 $a < b$ に対して $(a, b) = \{x \in \mathbb{R} \mid a < x < b\}$ を開区間といいます．）

> $f: \mathbb{R} \to \mathbb{R}$ は実数値関数であって，関数 f の定義域を，いかなる空でない開区間 (a, b) へ制限したものも，すべての実数を値としてとる．

このような関数 f がすべての実数 x で不連続な関数であることは明らかです．
ヒントとして，次のような集合の族 A_α $(\alpha \in B)$ の存在を示し，利用していただいても構いません．

1) $B = \{1, 2\}^{\mathbb{N}}$ は 1 と 2 のみを値としてとる無限数列の全体の集合．
2) 各 $\alpha \in B$ に対して $A_\alpha \subseteqq \mathbb{R}$.
3) 各 $\alpha \in B$ と任意の空でない開区間 (a, b) に対して $A_\alpha \cap (a, b) \neq \emptyset$.
4) $\alpha, \beta \in B$, $\alpha \neq \beta$ ならば $A_\alpha \cap A_\beta = \emptyset$.

さらにこのような集合族の存在を示すために，集合族 X_α $(\alpha \in B)$ で

5) 各 $\alpha \in B$ に対して X_α は $\mathbb{N}$ の無限部分集合．
6) $\alpha, \beta \in B$, $\alpha \neq \beta$ ならば $X_\alpha \cap X_\beta$ は有限集合．

をみたすものを証明なしで使っていただいて構いません．（X_α $(\alpha \in B)$ の存在については『数学セミナー』2010 年 2 月号の「エレガントな解答をもとむ」に出題しています．解答は 2010 年 5 月号．）
また関数 $g: B \to \mathbb{R}$ ですべての実数を値としてとるものの存在も必要なら証明なしで利用していただいて構いません．

▶解答は 229 ページ

28 河添 健

出題者

問題1 テニスで5セットマッチを行います。1回のプレーで勝つ確率が p のとき，5セットマッチを制する確率はいくつでしょうか？

　ゲームをとる確率 p_G，タイブレークのないセットをとる確率 p_S，タイブレークをとる確率 p_T，タイブレークのあるセットをとる確率 p_{ST}，5セットマッチを制する確率 p_M を順に求めてみましょう。（$p = 0.5$ のときはすべて0.5です。$p = 0.6$ のときは p_M はいくつでしょうか？）

問題2 A ポイントで1ゲーム，B ゲームで1セットとし，$2C-1$ セットマッチを行います。もちろんお互いが $A-1$ ポイントになったときのデュースのルールやお互いが $B-1$ ゲームになったときのルール，お互いが B ゲームになったときのタイブレークのルールは通常のテニスと同じです。このとき p_G, p_S, p_T, p_{ST}, p_M をできるだけエレガントに表してみてください。前問は $A = 4$, $B = 6$, $C = 3$ の場合です。

テニスの得点の数え方　1回のプレーで勝つと1ポイントで，4ポイントを先取すれば1ゲームをとります（通常のテニスでは，0ポイントをラブ，1ポイントをフィフティーン(15)，2ポイントをサーティ(30)，3ポイントをフォーティ(40)と呼びます）。そして6ゲームを先取すれば，1セットをとります。これをくりかえし，3セットを先取すれば5セットマッチの勝者です。ところがちょっとやっかいなルールがあります。

- ●[**デュース**]　お互いに3ポイント(40－40)となったときは，その後，先に2ポイントを連取した方が1ゲームをとります。
- ● ゲームの取得数がお互いに5ゲーム(5－5)となったときは，そこから2ゲームを連取した方が1セットをとります。しかし連取できずゲームの取得数が6－6となったときは，次のようにします。

　　―最終セットのとき，すなわちお互いに2セットを取った後の第5セットの

ときは，6 — 6 の後，2 ゲームを連取した方が 1 セットをとり勝者です．

— [**タイブレーク**]　最終セットでないとき，6 — 6 の後のゲームは，タイブレークと呼びます．普通のゲームなら 4 ポイント先取で 1 ゲームをとりますが，ここでは 7 ポイントを先取した方が 1 ゲームをとり，このセットをとります．ただし，タイブレークのポイントがお互いに 6 ポイントとなったときは，その後，先に 2 ポイントを連取した方がタイブレークを制し，このセットをとります．

補足　出題したときのウィンブルトン大会はこのルールでした．お気づきのようにこのルールでは実力が拮抗すると試合時間が長くなります．（最長は 3 日間におよぶ 11 時間 5 分，最終セットは 70 — 68 です．）　選手からの要望や大会運営の観点から試合時間の短縮が図られました．2019 年からは最終セットは 12 — 12 になったらタイブレークとなり，2022 年からは 4 大大会すべてにおいて，最終セットは 6 — 6 から 10 ポイント先取のタイブレークとし，タイブレークの 9 — 9 以降は 2 ポイントの差がつくまで行うことになりました．

▶解答は 235 ページ

29 出題者 山田修司

　鬼ヶ島に鬼退治に行った桃太郎と金太郎と浦島太郎は，逆に鬼に捕まってしまい，大鍋の中に作られた三叉シーソーの中心に置かれてしまった．三叉シーソーは，中心から 3 方向に鍋の外まで延びた，曲がりくねった棒でできている．三人がここから脱出するには，棒の先まで歩いて行くほかないのだが，三人のバランスが少しでも崩れると，煮えたぎる大鍋の中に落ちてしまう．さあ，三人はこの窮地から脱することができるだろうか．幸いにも，三人の体重はみな同じで，三叉シーソーは図（次ページ）のような三菱形の範囲内に作られているものとする．

　誤解のないよう，問題を数学的に表現しておく．正三角形の中心 O と頂点 A，B，C とをそれぞれ結ぶ，有限個の線分でできた折れ線 l_1, l_2, l_3 がある．ただし，それらは，O を通り各辺と平行な 3 本の線分で三角形を区切ってできる三菱形内にあるとする．このとき，3 個の動点 P，Q，R を O から A，B，C まで l_1, l_2, l_3 上をそれ

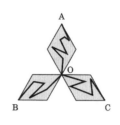

ぞれ連続に動かして，三角形 PQR の重心が常に O であるようにすることができるか．

　折れ線を滑らかな曲線として解答してもよい．また，証明の簡略化のために，"3 本の折れ線のどの部分も平行ではない" ということを仮定してもよい．

▶解答は 239 ページ

30 出題者 今井貞三

　テニスコートを 2 面使って，アイウエオカキクの 8 人がダブルスの総当たり戦をすることになりました．下図のように一方のコートの両エンドを A, B，他方を C, D として各試合の最初に入る場所を割当てて組合せを決め，A 対 B と C 対 D の試合を同時に行います．

［例］	ア	イ	ウ	エ	オ	カ	キ	ク
第 1 試合	A	A	B	B	C	C	D	D
第 2 試合	C	B	D	A	D	B	A	C
⋮	⋮	⋮	⋮	⋮	⋮	⋮	⋮	⋮
第 7 試合								

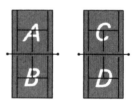

　上の例のような組合せ表を，下の条件で第 7 試合まで作ってください．（第 1 試合は例と同じにします．）

1. 各人7試合の間に全部の相手と2回ずつ対戦し，かつ毎回新しい人とペアを組む．

2. その表の各人を下の方法で採点し，なるべく点数の高い表を作ってください．点数は8人の個人点を合計します．（はじめは0点）

   (∗) 第4試合までに全員と対戦する人は　+4点
   (∗) 組合せ表に $ABCD$ が全部ある人は　+2点
   (∗) $ABCD$ のどれかがちょうど3個ある人は，その3個について　−3点
   (∗) どれかがちょうど4個あれば，その4個について　−6点
   (∗) どれかが5個以上あれば　−10点

   なお，採点は見やすい表などを使って記述してください．

▶解答は 246 ページ

31

出題者
有澤 誠

図のような「計算の庭」を考えます．入口でサイコロを振って出た目の整数（1〜6）を受け取ります．庭にあるゲートをくぐるたびに，そこに書いてある演算を施します．値がちょうど100になったら出口から出ることができます．

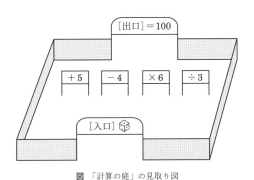

図 「計算の庭」の見取り図

4個のゲートは加減乗除（$+p, -q, \times r, \div s$）が1個ずつあり，何度でもくぐれます．どのゲートも最低1度はくぐらなければいけません．計算途中で正整数でない値になっても，負数や分数を含めて正しく計算します．大きな数のオーヴァフローもありません．

　それでは問題．入口の数を固定すると，出口に達するためにゲートをくぐる回数の最小値が定まります．入口の値ごとに変わる最小値の中で最小なものを最大にするように（Max-Min-Min），4個の整数パラメータ p〜s を決めてください．

　ただし，整数 p〜s は3〜6から相異なる値を選び，かつ計算途中でどんな値になっても，必ず出口から抜け出せるようになっているものとします．

　手作業ではなくコンピュータを使って解く場合には，入口の数の範囲や p〜s のとる値を広げたりゲートの数を増やすなど，問題を適正な規模に拡げていただいても結構です．

　今回は，東京藝術大学の佐藤雅彦さんと桐山孝司さんによる「計算の庭」に基づいた出題です．ただし本問の諸条件は，佐藤さんたちが設定したものとは少し異なります．

▶解答は 252 ページ

32 阿原一志

出題者

球面立方体（sphairacube）を次のように定義する．

- (1) 6つの球面（または平面）に囲まれた図形である．
- (2) 面と面の交わりは辺をなし，辺が集まったところが頂点となる．面・辺・頂点の繋がり具合は立方体と同じである．（したがって，各面は4本の辺を持ち，辺は12本，頂点は8つあり，各頂点には3本の辺が集まる．）

ここで，理想球面立方体（ideal sphairacube）を次のように定義する．

- (3) 各頂点に置いて，辺は互いに接する．

下図はこのような図形の一例である.

このとき，理想球面立方体の8つの頂点は同一球面上にあることを示せ．

[ヒント：次元を1つ落とした形(円弧で囲まれた四角形)で考えてみると，要領がつかめると思います．]

▶解答は 256 ページ

「エレガントな解答をもとむ」問題の作り方・解き方

一松 信

1……はじめに

　「エレガントな解答をもとむ」欄は，読者諸氏との交流を主題として，最初は「懸賞問題」をも考えていたようです．このコーナーの題名は矢野健太郎先生が以前より折に触れて新聞に連載していた記事から，「エレガントな解答をもとむ」というのが文句なしに決りました．

　『数学セミナー』創刊当初は米田信夫氏と（当時は両名とも東京大学）協同で毎月出題していました．最初に出題した問題を後に示します．その後，両名の外国出張などもあり，次第にいろいろな先生方に加わっていただいて，幸い今日まで続きました．選集（本誌別冊）も何冊か刊行されていますが，その再版を期待したいところです．

　このコラムのうち「問題の作り方」の部分は，数学検定協会の問題検討会で私が話した内容に加筆したものです．むしろ「私はこのようにして問題を作っている」とでも題した方が適切な内容です．「解き方」の部分は単なる例示ですが，「私がどう考えたか」という話の一端です．人それぞれに独自の方法がありますが，何かの参考になる部分があれば幸いです．

　そのために，以下には数学検定関連の思い出も含まれていますが，関連深い内容としてお許しください．

2……問題の作り方

　問題を作るには，まず材料を集めるのが先決です．それから変形する，自分で

解いてみる，しばらく寝かせて後日再検討する，ファイルを作る，というのが主流の作業です．

(i) 材料を集める

素材は教科書・問題集・関連雑誌など豊富にありますが，意外と有用な種は新聞記事と論文です．特に数学検定で小学生・中学生向けに出題される問題は，多くの出題者が実行しているとおり，統計関係はもちろんのこと，新聞記事が諸分野に有用な材料を多く提供してくれます．

しかし，これは初等的な範囲の出題です．「エレガントな解答をもとむ」などでは，専門の論文・成書に多くのヒントがあります．例えば，そこで使われている有用な補助定理，さらにその特別に簡単な場合などが手頃な課題になることが少なくありません．もちろん昔から知られている有名な問題も重要な材料です．

(ii) 変形する

問題には一応「版権」がありますので，すばらしい良問と思ってもそのまま採用しかねることが多いものです．しかしそれを種にいろいろ「変形する」ことは，十分可能で許される作業です．

ここで**変形する**とは広い範囲の操作の総称です．単に数値を変えてみるだけでなく，特別な場合を考える，拡張する，類似を考えるなど，多くの変種を含みます．ときには最初の形からすっかり変った問題に化けてしまうこともあります．

(iii) 自分で解く

問題作成において，ことのほか重要なのは，自分で実際に解いてみることです．エレガントでなくても，ともかく解いて正しい答があることを確認するのが不可欠です．できれば一つの方法だけでなく，ほかの解法も考えてみる必要があります(実例は後述)．

このような作業を通して，ときおり次のような場面に遭遇することがあります．

● もとの問題あるいは模範解答に不備がある．

- その解法が類似の問題に適用できるのに気づく.
- 特別な場合には独自の直接解法がある.

　こういった場合には，そこからさらにいろいろと新しい問題ができる可能性があります.

(iv) しばらく寝かせる

　締め切りに追われてあわてて考えると，案外吟味不足の不備が残りがちです. できればしばらく寝かせて，後日改めて再検討すると，もっとうまい解法に気づくこともあります. 逆に案外つまらない(?)問題だと気づいて捨てることもあります. やはり平素からの用意が不可欠でしょう.

(v) ファイルを作る

　私は「石器時代人」なので，紙のファイルで済ませていますが，今の方々はもちろんパソコンに格納し，分野や難易度，その他のタグをつけて，必要ならいつでも代表的な問題をひき出せるようにするでしょう. 整理すると重複や類題にも気づきます. 程度はともかく，その種の蓄積を平素から用意しておくことが大切だと思います.

3……問題文の表現

　問題を公表するにあたっては，問題文の表現にも注意がいります. 概して数学者は簡にして要を得た表現を好むので(それは大事なことですが)，問題文が難読なことがよく起こります. もちろん「読解力のテスト」も一つの課題です. 「行列 A, B が交換可能なとき …」という問題文に対して，条件式中の A と B とを「交換」した式を作って議論したという笑い話のような実例を，数学検定で体験しました. また「この行列の階数(ランク)を求めよ」という問題に対して，「階数って何ですか」という「なさけない」解答にもお目にかかりました. 余談ですが(そして今日では常識ですが)，行列 A の階数は「A を線型写像とみたときの像空間の次元」と定義するのが自然だと思います. 昔風の「A の小行列式中 0 でないもの

の存在する最大次数」という事実は，重要な性質であり実用上の判定法の一つと理解したほうがよいでしょう．

少し脱線しました．私のいいたいことは，題意全体が一読して素直に読みとれるようにという希望です．そのための注意として，次のような諸点があります：

- 文章をあまり長く続けないこと．
- 条件式をうまくまとめて提示すること．
- 最初に必要な前提や記号をまとめて示すが，必要な個所でその場の条件を反復すること．
- 修飾語を修飾される語に近接させて，間にほかの句を入れないこと．

その意味でも，しばらく寝かせて忘れた頃に読み直すと，自分でも十分意味がとれず考え直すことがあります．できれば他人に読んでもらって「意地悪く」解釈してもらうことも重要でしょう．検定問題ではそうした「モニター役」を，他の出題委員の方に依頼している場合もあります．

予備知識をどれだけ仮定するかも難しい課題です．「エレガントな解答をもとむ」には一応の不文律があるようで，自然に今日まで来たようです．数学検定では指導要領に拘束はされないものの，一応各級に相当する学年を想定しており，教科書によって表現・記号に差のある概念や発展的題材には説明をつける場合もあります．

これはまったく別のテストでの話ですが，「中心角2の扇形」という文を，2ラジアン（rad）でなく2°と誤解した誤答が正答よりも多かったという報告を聞いたことがあります．そのテストは弧度法を学習した直後にその理解度を見るのが主目的だったので，むしろ「期待された結果」でした．しかし，πがつかない数値ではラジアンとは思えないのが自然（?）なのかもしれません．上記のような特別の目的以外では，やはり単位をつけて「2ラジアン」と表現すべきです．

最後にこれは「作り方」の範囲ですが，脚色するときに不自然な設定や，あり得ない場面（?）になるのは難点があります．うっかりミスに近いのですが，余弦定理を学習した後での三角形の判定（鋭角，直角，鈍角）問題中，3辺の長さが3cm，4cm，8cm（三角形が作れない）というのは吟味不足でしょう．また，校舎の

COLUMN

高さを測る問題において,「校舎の影が 90 cm で,そのときに 2 m の棒の影が 10 cm だった」というのは,機械的に比例計算で 18 m という答が出ます.しかし熱帯地方ならともかく,日本本土では太陽の高度がこんなに高いことはあり得ません.数学検定でかつてあった例では,「木の高さ 15 cm」,「バスの時速 170 km」などの解答は,受験者の計算誤りらしいのですが,単位をつけて考えればおかしいと気づいてほしいと思います.

　一般論はこの程度にして,次に『数学セミナー』創刊号(1962 年 4 月号)の問題と解答を回顧することにします.

4……最初の問題

　初期には毎月 3 題ずつ出題していました(十年くらいして 2 題に縮小).意図したわけではありませんが,1 題は初等幾何,1 題は代数関係,1 題は組合せ問題・その他諸分野,という場合が多かったようです.以下ではもっと多くの実例を引用したいのですが,創刊号に載った 3 題中 2 題を紹介します.残りの 1 題はカークマンの女生徒問題と関連した「16 人マージャン総当り法」を作成する組合せ問題で,後にいろいろな発展がありました.その意味で興味深いのですが,問題文も解答も大変長い上に,それを手短かに紹介して結果だけ示すのはかえって趣旨が十分に伝わりにくいので,残念ですが紹介を見合せます.

問 1　3 辺の長さ a, b, c がこの順に等差数列をなす三角形があります.長さが中間の辺 b に,相対する頂点から下した垂線の長さを h とするとき,h, a, b, c も等差数列になります.もとの三角形の 3 辺の比を定めてください(図 1 参照).

問 2　どの 2 数も相異なるような 3 数 x, y, z があって,

$$\begin{cases} x + y^3 + z^3 = 0 \\ x^3 + y + z^3 = 0 \\ x^3 + y^3 + z = 0 \end{cases}$$

が成立します.x, y, z の値を求めてください.

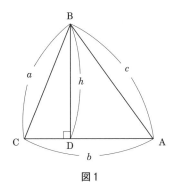

図1

ヒント $x \neq y$ などが成立することと，条件が x, y, z について対称なことに注意.

　近年の出題に比べると，易しすぎるかもしれません．実際，毎回多数の応募がありました．当初は目ぼしい解答のみを，解答者のお名前も入れて紹介していましたが，間もなく「正解者」全員のお名前を(時には解法別に分類して)掲載するようになりました．応募者の年齢別の数なども少し後になってからです．その他形式の変更はいろいろありましたが，大筋はずっと現在まで引き継がれていると思います．

　以下の解答は3か月後に掲載された解答を参考にして，今回新しく書き直したものです．応募されて名答(エレガントな解答)を寄せられた方々のお名前も省略しました．

5……問1の解

　公差を $d(> 0)$ とすると，
$$h = b-2d, \quad a = b-d, \quad c = b+d$$
と表されます．最も簡単なのは**ヘロンの公式**により三角形の面積 S を表して方程式を作る方法です．すなわち

$$S = \frac{1}{4}\sqrt{3b \cdot b(b+2d)(b-2d)} = \frac{1}{2}b(b-2d)$$

を得ます．両辺を2乗して整理すれば $(b > 0, \ b-2d > 0)$

$$3(b+2d) = 4(b-2d) \Longrightarrow b = 14d$$

であり,

$$h : a : b : c = 12 : 13 : 14 : 15$$

になります. これはよく知られた「ヘロン三角形」です. □

ヘロンの公式を知らなくても，**三平方の定理**を使う解法があります. 三角形を ABC(a, b, c に対応する頂点)とし，頂点 B から対辺への垂線を BD とすると，

$$BA^2 - BC^2 = (BD^2 + AD^2) - (BD^2 + CD^2)$$
$$= AD^2 - CD^2,$$

公差を $d\,(>0)$ とすると，

$$(b+d)^2 - (b-d)^2 = (AD+CD)(AD-CD)$$
$$= b(AD-CD) \tag{1}$$

となり，これから

$$AD - CD = 4d, \quad AD = \frac{b}{2} + 2d, \quad CD = \frac{b}{2} - 2d$$

を得ます. △ABD に三平方の定理を適用して

$$(b-2d)^2 + \left(\frac{b}{2} - 2d\right)^2 = (b-d)^2 \tag{2}$$
$$\Longrightarrow (b-4d)^2 = 4[(b-d)^2 - (b-2d)^2]$$
$$= 4d(2b-3d)$$
$$\Longrightarrow b^2 - 16bd + 28d^2 = 0$$

が出ます. これは $(b-2d)(b-14d) = 0$ と因数分解できますが，$b-2d = 0$ では高さ $h = 0$ で三角形が潰れますので，$b = 14d$ が唯一の解です. □

後者の解法では，厳密にいうと ∠C が鈍角で D が辺 AC の延長上にくる可能性の吟味が必要です(図2). このときには(1)は $4bd = b(AD+CD)$ となり，CD $= 2d - \frac{b}{2}$ と変ります. しかし結果的に(2)がそのまま成立し，最後の答は上述と同じになります. 実は ∠C が鈍角という場合はあり得ないのですが，吟味は不可欠です.

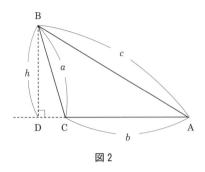

図2

6……問2の解

いろいろな解法が可能です. x, y, z が3次方程式 $t^3 - t = 0$ の相異なる3解であることに帰着させるのが当時の「エレガントな解答」だったようですが, ここでは素朴に解きます.

(第1式)−(第2式)から

$$x - y = x^3 - y^3 = (x-y)(x^2 + xy + y^2)$$

ですが, $x \neq y$ なので $x^2 + xy + y^2 = 1$. 同様に, (第1式)−(第3式)から $x \neq z$ なので $x^2 + xz + z^2 = 1$. この両式の差をとれば

$$0 = x(y-z) + y^2 - z^2 = (y-z)(x+y+z)$$

ですが, $y \neq z$ なので $x + y + z = 0$. 他方, 与えられた3式を加えると

$$(x+y+z) + 2(x^3 + y^3 + z^3) = 0$$
$$\implies x^3 + y^3 + z^3 = 0.$$

これをもとの方程式と比較すると

$$x^3 = x, \qquad y^3 = y, \qquad z^3 = z$$

です. これらの解は $1, 0, -1$ ですが, x, y, z がすべて相異なるので, これらの置換6通りの次の解を得ます.

x	1	1	0	0	−1	−1
y	0	−1	1	−1	1	0
z	−1	0	−1	1	0	1

これらはいずれももとの方程式を満足します. □

7⋯⋯**問題の解き方(に関する注意)**

　前2節で(ごく易しい問題ですが)解き方の一例を示しました. 問1を後者のように して解けば中学校数学の範囲で解けますが, $b = 2d$ は不適とか, ∠C が鈍角 の場合の吟味がいります. 前の解法は簡潔ですが, ヘロンの公式が予備知識とし て必要になります.

　例を挙げる余裕はありませんが, 数列については初めのほうを計算してそれか ら規則をつかむ, 必要ならその予測を数学的帰納法で証明する, という考え方が 有用な場合がよくあります. ここでこわいのは, 実験例が少数すぎて誤った予測 をしたときです. 実際, 数学検定でその種の失敗例によくお目にかかります.

　見当をつけて予測することは大事ですが, 近年検定を quiz と誤解(?)してか, 「ある条件を満たす三角形は何か」という問題に対して, 計算もせずに「正三角 形」とか「直角二等辺三角形」といった投げやり(?)の解答を書いて済ませる無精 者(?)が散見されるのが残念です. 少しためしてみれば, 正三角形は問題文の条 件を満たさないことが一目瞭然な場合もありました. 他方, たまたま直角二等辺 三角形が条件を満たすことを確認しても, それだけか？　ほかにないか？　と吟味 することが必要でしょう.

　本当はこの節が記事の中心であるべきかもしれませんが, 紙数も尽きたので若 干のほかの例を挙げて結びにします.

8⋯⋯**知識は必要**

　一時期,「問題解決には知識は不要」という論調がありました. 先入観にとらわ れるなという趣旨でしょうが, やはり広い知識があると背景がよく見える場合が あります.

　ささやかな一例ですが『数学セミナー』第3号(1962年6月号)の問題を挙げま す.

問3　円 O に内接する四辺形 ABCD があり, その4頂点の重心が中心 O と一致 するとき, ABCD はどのような四辺形でしょうか(図3).

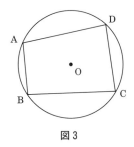

図 3

　4 頂点の**重心**とは 4 頂点を位置ベクトルで表現したとき，4 個のベクトルの「相加平均」が表す点です．ベクトルや複素数を活用してもできますが，直接に初等幾何学的な方法により，答は**長方形**であることがわかります．

　ところでこれを 3 次元に拡張すると，「四面体の外接球の中心が重心と一致する」という条件です．これは正四面体とは限らず，一般に**等積四面体**（各面の面積が等しい）です（この事実も同様に初等幾何学的に証明できます）．あるいは**等面四面体**とよぶべきかもしれません．3 対の相対する辺長がそれぞれ等しく，各面が合同な鋭角三角形であり，展開図は図 4 のように鋭角三角形を各辺の中点を結ぶ線分で分割した形になります．鈍角三角形をこのように折りたたんで四面体を作ることはできません．直角三角形のときは 4 面が同一平面上に退化し，整理すると長方形（と 2 本の対角線）になります．それが問 3 の解に相当します．

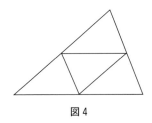

図 4

　このような四面体幾何学の知識があると，問 3 はその特別な（退化した）場合で長方形だと見当がつきます．逆に問 3 から四面体への発展も考えられるでしょう．前に引用した「16 人マージャン総当り法」も試行錯誤で解答できますが，その背

後にある「不完備つり合い形配置」の理論や，さらにそれを構成する基礎理論として「有限体上の射影幾何学」などを学ぶ導入に有用な素材です．

9……むすび

いささか竜頭蛇尾のお話しに終始しました．「古き良き(?)時代」に対する老人の昔話でしたが，今後，諸先生方からの快心の問題の作り方や解き方を伺うきっかけになれば幸いです．

最後に一言．近年，入試問題でよく槍玉に挙げられる型の一つに「存在しない図形」に関する問があります．周長に比して面積の値が大きすぎる三角形がその一例です．奇妙なことに(?)，その大半は機械的に計算すると「答えらしい数値」が出ます．しかし，その寸法で図を描こうとすると，不自然な現象が生じて，首をかしげる結果になります．やはり抽象的に綺麗な数値を頭で考えるだけでなく，実際に作図してみて，何となくおかしい，考え直せ，と悟ることが大事なようです．

これが本稿を最初に発表した(2012年5月号の)後に新たに気付いた感想です．

解答篇

1 清宮俊雄

△ABC において ∠BAC > 90° とする. 辺 BC 上に点 D, E を

∠BAE = ∠CAD = 180°−∠BAC

であるようにとり, 辺 AC, AB 上にそれぞれ 点 F, G を

∠ADF = ∠ABC,　∠AEG = ∠ACB

であるようにとれば

GF∥BC,　DF = EG = FG

であることを証明してください.

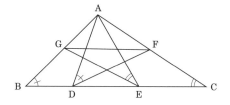

　応募者は 134 名で, 10 代 10 名, 20 代 7 名, 30 代 9 名, 40 代 29 名, 50 代 36 名, 60 代 31 名, 70 代 6 名, 80 代 5 名, 年代不詳 1 名でした. 正解者は 128 名で不正解者は 6 名でした.

　正解者の代表として, 東京都・ζ氏, 茅ヶ崎市・鈴木豊氏の解をつぎにあげます.

解1

　以下は, 東京都・ζ氏によるものです.

　△ABC において, ∠B = β, ∠C = γ とすると

∠BAE = ∠CAD = 180°−∠BAC = β+γ,

∠ADF = ∠ABC = β,　∠AEG = ∠ACB = γ

となり, これより

△ADF ∽ △ABE,　△AEG ∽ △ACD

である. 相似の性質から

$$\frac{AD}{AB} = \frac{AF}{AE}, \quad \frac{AG}{AD} = \frac{AE}{AC}$$

であり,

$$\frac{AG}{AB} = \frac{AF}{AC}$$

となるから, GF∥BC が言える.

38

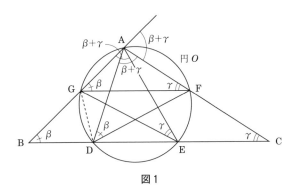

図1

次に △AFG の外接円を O とすると，GF∥BC より

$$\angle ADF = \angle ABC = \angle AGF = \beta,$$

$$\angle AEG = \angle ACB = \angle AFG = \gamma$$

となるから，点 D, E も円 O の円周上にある．さらに

$$\angle FAD = \angle GAE = \beta+\gamma,$$

$$\angle FDG = 180° - \angle GAF = \beta+\gamma$$

となり，弦 DF, EG, FG の円周角はすべて等しくなるから，DF $=$ EG $=$ FG が言える．

解2

以下は，茅ヶ崎市・鈴木豊氏によるものです．

$$\angle ABC = \angle ADF = \alpha, \qquad \angle ACB = \angle AEG = \beta$$

とする．$\angle BAE = \angle CAD$ であるから，$\angle DAE$ を引いた角も等しく，

$$\angle BAD = \angle CAE = \gamma$$

とする．まず，△ABD に着目すると，$\angle ADE = \alpha+\gamma$ より $\angle FDE = \gamma$ である．□ADEF に着目すると，弦 EF 上の円周角が γ である．よって，点 A, D は点 E, F と同一円周上にある．

同様に △CAE に着目すると，$\angle AED = \beta+\gamma$ より，$\angle GED = \gamma$ である．□AEDG に着目すると，弦 DG 上の円周角が γ である．よって，点 A, E は点 G, D と同一円周上ある．

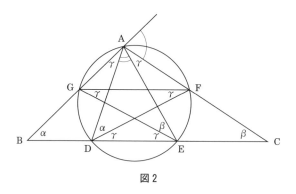

図2

　したがって，A, G, D, E, F の 5 点は同一円周上にあり，

　　　∠DFG ＝ ∠EGF ＝ γ

である．この結果，錯角が γ に等しい GF と BC は平行である（GF∥BC）．
∠CAD ＝ ∠BAE であるから，これを円周角とする二つの弦 DF と EG は長さが
等しい（DF ＝ EG）．また円周角 ∠CAD, ∠BAC は補角であるから，弦 DF と FG
は長さが等しい（DF ＝ FG）．

解説

　FG∥BC とすると ∠AGF ＝ ∠ABC となるはずである．仮定により ∠ADF ＝
∠ABC だから

　　　∠AGF ＝ ∠ADF.

したがって，4 点 A, G, D, F は同一円周上にあることになる．

　同様に

　　　∠AFG ＝ ∠ACB ＝ ∠AEG

となるはずだから，4 点 A, F, E, G は同一円周上にあることになる．したがって，
5 点 A, G, D, E, F は同一円周上にあるはずである．

　逆にこのことが証明できれば

　　　∠AGF ＝ ∠ADF ＝ ∠ABC

から FG∥BC が証明できる．

　そこで，この 5 点が同一円周上にあることの証明に目標をおく．見方をかえて，

40

△ADE の外接円周上に点 G, F があることを証明しようと考える. そうすると

$$\angle DEG = \angle AED - \angle AEG$$
$$= \angle AEB - \angle ACB = \angle EAC.$$

ところで, $\angle BAE = \angle CAD$ だから, 共通部分の $\angle DAE$ を引くと, $\angle BAD = \angle CAE$.

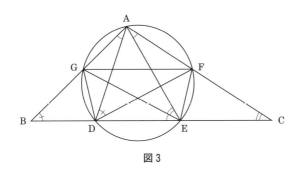

図 3

したがって

$$\angle DEG = \angle BAD = \angle GAD$$

となり, 4 点 A, G, D, E が同一円周上にあることがいえる.

同様に,

$$\angle EDF = \angle ADE - \angle ADF$$
$$= \angle ADE - \angle ABC$$
$$= \angle BAD = \angle EAC = \angle EAF$$

だから, 4 点 A, D, E, F は同一円周上にある.

よって, 5 点 A, G, D, E, F は同一円周上にあることが証明された.

2

出題者

細川尋史

一辺が1の正方形をタテにm段，横にn列並べた長方形 ABCD を考えます．このとき，長方形 ABCD の対角線 AC（または BD）がこの長方形を構成するmn個の正方形のうち何個の正方形を横切るのでしょうか？

すなわち，この対角線の横切る正方形の個数を$A(m,n)$とすると，$A(m,n)$をm,nを使ってあらわしなさい，というのが問題です．たとえば，$A(2,4)=4$となることを図を描いて確認してみてください．

解答を応募された方を年齢別にみると10代8名，20代12名，30代17名，40代27名，50代20名，60代10名，70代8名の計102名でした．幅広い世代の人たちに取り組んでいただけたことを出題者として光栄に思います．

まず答えを確認しておきましょう．答えは，

$$A(m,n)=m+n-(m,n) \qquad ((m,n):m,n \text{の最大公約数})$$

です．たとえば，2と4の最大公約数は2ですから，$A(2,4)=2+4-2=4$となります．

【解答1】 まずもっとも多かった解答を紹介しましょう．この解答は，次の定理1を拠りどころとしています．

定理1 自然数m,nに対して，直線

$$l : \frac{x}{n}+\frac{y}{m}=1$$

が，x軸とy軸によって切り取られる線分は，格子点により(m,n)等分される．とくに，m,nが互いに素のとき，直線lがx軸とy軸によって切り取られる線分上には，格子点が存在しない．

問題の長方形 ABCD を座標平面上の図形と考えます．ただし，各頂点の座標は次のように定めます．

A：$(0,m)$， B：$(0,0)$， C：$(n,0)$， D：(n,m).

このとき定理1の直線lがx軸，y軸によって切り取られる線分が長方形 ABCD

の対角線 AC にほかなりません. したがって, 定理の前半の主張から, 次のことがわかります.

$$d = (m, n) \text{ とし, } m = d \cdot m_1, \ n = d \cdot n_1 \text{ とすれば } A(m, n) = d \cdot A(m_1, n_1).$$

したがって, $(m_1, n_1) = 1$ に注意すれば, m, n が互いに素な場合に問題が帰着されることがわかりました.

さて m, n が互いに素であるならば, 長方形 ABCD の対角線は正方形の横線と $m-1$ 回, 縦線と $n-1$ 回交わり, 定理 1 の後半の主張により, これらの交点は重なることはありません. したがって, 対角線は, 正方形の辺により

$$(m-1) + (n-1) + 1 = m + n - 1 \quad \text{(本)}$$

の線分に分割されます. 各線分は対角線の横切る正方形と 1:1 に対応するのですから

$$A(m, n) = m + n - 1.$$

さて, 一般の場合にもどると

$$A(m, n) = d \cdot A(m_1, n_1) = d(m_1 + n_1 - 1) = dm_1 + dn_1 - d = m + n - d.$$

このタイプの解答を考えてくださった方は, 59 名です.

【解答 2】 対角線が正方形をどのように横切るのか, その横切り方に着目した解答です. ここでは, 今回もっともエレガントであった福山市・黒尾ヒカルさんの解答を紹介しましょう. ただし, 記号は適当に変更してあります.

対角線 AC が横切る正方形とその次に横切る正方形の関係は「横の辺を共有する」「縦の辺を共有する」「頂点を共有する」の 3 通り. それぞれの個数を H, V, P とすると

$$A(m, n) = H + V + P + 1 \qquad \cdots\cdots①$$

m と n の最大公約数を d とすると

$$P = d - 1 \qquad \cdots\cdots②$$

$H + P = m - 1$ より

$$H = m - 1 - P = m - d \qquad \cdots\cdots③$$

$V + P = n - 1$ より

$$V = n-1-P = n-d \qquad \qquad \cdots\cdots ④$$

②, ③, ④を①に代入して

$$A(m,n) = m-d+n-d+d-1+1 = m+n-d.$$

このタイプの解答を考えてくださったのは，黒尾さんの他に13名です．

また，そのほか3名の解答は，解答1と解答2のアイデアをミックスしたものといえるでしょう．

【解答3】 対角線が横切る正方形ではなくて，対角線が横切らない正方形に着目した解答です．

長方形 ABCD は対角線 AC により2つの直角三角形 △ABC, △ADC に分割されます．この2つの直角三角形に含まれる正方形の個数は図形の対称性により等しく，それは

$$\sum_{i=1}^{m-1}\left[i\cdot\frac{n}{m} \right]$$

です．ただし，$[x]$ は x をこえない最大の整数です．そして，2つの直角三角形 △ABC, △ADC に含まれない正方形を対角線が横切るのですから

$$A(m,n) = mn-2\sum_{i=1}^{m-1}\left[i\cdot\frac{n}{m} \right]$$

となります．ここで，次の定理2を用います．

定理2 自然数 m, n の最大公約数 (m, n) は次で与えられる．

$$(m,n) = 2\sum_{i=1}^{m-1}\left[i\cdot\frac{n}{m} \right]+(m+n)-mn.$$

この定理は，M. Polezzi 氏によるものです（Marcelo Polezzi, *A geometrical method for finding an explicit formula for the greatest common divisor*, The American Mathematical Monthly, vol. 104, no. 5 (1997)）．

定理2の結果を上の式に代入すれば，

$$A(m,n) = m+n-(m,n).$$

このタイプの解答を考えてくださったのは，4名です．

【解答4】 長方形 ABCD を縦が 1, 横が n の長方形を m 段並べたものとみて, 各段において対角線が何個の正方形を横切るのかを考えた解答です.

解答1と同様に考えれば m, n が互いに素である場合に帰着されますから, これを仮定しましょう. このとき, 下から数えて i ($i = 1, 2, \cdots, n-1$) 段において対角線は,

$$\left[i \cdot \frac{n}{m} \right] - \left[(i-1) \cdot \frac{n}{m} \right] + 1 \quad (\text{個})$$

の正方形を横切ります. 一方, n 段においては

$$n - \left[(m-1) \frac{n}{m} \right] \quad (\text{個})$$

の正方形を横切ります. したがって,

$$A(m, n) = \sum_{i=1}^{n-1} \left\{ \left[i \cdot \frac{n}{m} \right] - \left[(i-1) \cdot \frac{n}{m} \right] + 1 \right\} + n - \left[(m-1) \frac{n}{m} \right] = m + n - 1.$$

このタイプの解答を考えてくださったのは, 19名です.

ここまでに紹介した4種類の解答を出題者は想定していましたが, 大阪市・上田安夫さんの解答にある「包除の定理」(『数学100の定理』日本評論社, p.106) による解法は想定していませんでした.

結果を証明することよりも結果を発見するまでの過程を重視したい —— じつは出題者は, このような意図をもっていました. 五輪教一さんからいただいた「小・中・高のどの生徒にもそれぞれのレベルで考えることができる」問題との評価はまさに正鵠を射ったものです. その意味では尼崎市・荒井和範さん, 秋田県・佐藤工さんの解答は, 解答としては十分ではないのかもしれませんが, 出題者の意図通りであったといえます.

また, 問題を多次元の場合に拡張したらどうなるのかという問題に多くの方が取り組まれたことにも感心しました. ここでは3次元の場合の結果のみを紹介しておきましょう. 一辺が1の立方体を縦に m 段, 横に n 列, 奥に l 列並べてできる直方体の対角線が横切る立方体の総数は

$$A(m, n, l) = m + n + l - (m, n) - (n, l) - (l, m) + (m, n, l)$$

となります.

解答篇

45

3 ピーター・フランクル
出題者

次の二つの条件を満たす，10 進法で表された数 M を吉兆と呼ぶ．

  (i) M は 2020 で割り切れる．
  (ii) M の各桁の数字の和はちょうど 2020 である．

例えば

  202020⋯2020　（2020 を 505 回繰り返す）

は吉兆である．しかし物凄く大きい．そこで皆さんにはなるべく小さな吉兆な数を見つけてほしい．

余裕がある方は 2020 を 2018 や 2019 に置き換えた問題も考えてください．

今回の問題には 98 通もの応募があってとても嬉しかった．年代の内訳は，10 代 3 名，20 代 2 名，30 代 7 名，40 代 13 名，50 代 31 名，60 代 32 名，70 代 6 名，80 代 2 名，90 代 1 名，年齢不詳 1 名であった．これだけたくさんの解答を読むのにすごく時間がかかった！ 解答者の皆さんはいろいろ工夫して小さな吉兆数を作ろうとしていた．ただし正解，つまり最小の吉兆数に辿り着いたのは 34 名だけだった．さらに，正解を出してもそれが最小の吉兆数であることを厳密に証明した方はほとんどいなかった．

また 2020，2019 と 2018 の 3 つの場合すべてで正解に至ったのは 6 名だけであった．

解き方

さて，本問の解き方について説明しよう．吉兆数の例として挙げた 20202020⋯2020（2020 を 505 回繰り返す）より小さい吉兆数を作るのは簡単である．桁の数を減らせばどんどん小さくなるので，例えば 20202020 を 4040 に代えればよい．2020202020202020 を 8080 に置き換えてもさらによい．こんな単純な方法でも桁数を 2020 から 504＋4 ＝ 508 に減らすことができる．80800 も 2020 の倍数であることに気づけば 80800＋8080 ＝ 88880 を利用することもできる．2016 ＝ 32×63 によって，8888 を 63 回繰り返した数の後に 2020 をくっつけると 256 桁の吉兆数が得られる．

8 もよいけれど 9 はさらに大きい！ 桁数を減らすために 9 をできる限り使う

べきだ．この発想を小学校の算数のように活かす方法を何人かの読者は提案してくれた（最小の吉兆数に至っていなかったので，あえて名前は書かない）．

202000⋯00 は当然 2020 の倍数である．またこの数から 2020 を引いても 2020 の倍数であり，しかもたくさんの 9 を含んでいる．

$$
\begin{array}{r}
2020000\cdots00000 \\
-) \qquad\qquad 2020 \\
\hline
2019999\cdots97980
\end{array}
$$

例えば，2020 の後に 224 個の 0 をくっつけると差の中の 9 は 222 個になる．よって各桁の数字の和は

$$9\times222+2+1+7+8 = 2016$$

になる．

この数に 2020×10^{224} を足せば

$$40399\cdots97980$$

と 228 桁の吉兆数が得られる．

これで最小の吉兆数にかなり近づいたが，それを見つけるためにはもっと数学的に考えなければならない！

我孫子市・よっちゃんさんと大津市・栗原悠太郎さんの解答を改善した解き方を紹介しよう．

まずは 2020 を因数分解しよう．

$$2020 = 101\times5\times2\times2 = 101\times2\times10.$$

これより吉兆数の一の位は 0 で，十の位は偶数である．この条件を満たす数に限定すると，2020 に代わって 101 で割り切れることを考えればよい．

$$101 = 100+1 \quad より \quad 100 \equiv -1 \pmod{101}$$

また

$$101\times99 = 9999 \quad より \quad 10000 \equiv 1 \pmod{101}$$

である．

したがって $a\times10^{4l+i}$ $(i = 0, 1, 2, 3)$ を 101 で割ったときの余りはそれぞれ a，$10a$，$-a$，$-10a$ と計算すればよいと判る．

では何桁の数を狙おうか？ $2020 = 9\times224+4$ と，一の位が 0 であることによ

って，吉兆数の桁数は少なくとも 226 である．そこで $a_{226}a_{225}a_{224}\cdots a_1 0$ という，227 桁か（$a_{226}=0$ の場合）226 桁の吉兆数を考えよう．

まず

$$a_{226}+\cdots+a_1 = 2020 \tag{1}$$

と

$$a_1 = 0, 2, 4, 6 \text{ か } 8 \tag{2}$$

を仮定する．なるべく小さな吉兆数を探しているから $0 \leqq a_{226} \leqq 4$ も仮定しよう．

$$s_0 = a_4+a_8+\cdots+a_{224},$$
$$s_1 = a_1+a_5+\cdots+a_{225},$$
$$s_2 = a_2+a_6+\cdots+a_{226},$$
$$s_3 = a_3+a_7+\cdots+a_{223}$$

と定義する．

上述のことより

$$s_0+10s_1-s_2-10s_3 \tag{3}$$

は 101 の倍数でなければならない．

s_i の上限について少し考えよう．s_0 と s_3 は 56 個の一桁の数の和なので高々 $9\times56 = 504$ である．同様に，(2)から $a_1 \leqq 8$ であり，また $a_{226} \leqq 4$ も忘れずに考慮すると：

$$s_1 \leqq 8+9\times56 = 512,$$
$$s_2 \leqq 9\times56+4 = 508$$

を得る．

この 4 つの不等式を巧く用いると順に

$$s_0 = 2020-s_1-s_2-s_3 \geqq 2020-1524 = 496,$$
$$s_1 = 2020-s_0-s_2-s_3 \geqq 2020-1516 = 504,$$
$$s_2 = 2020-s_0-s_1-s_3 \geqq 2020-1520 = 500,$$
$$s_3 = 2020-s_0-s_1-s_2 \geqq 2020-1524 = 496$$

を得る．

条件をまとめると

$$496 \leqq s_i \leqq 504, \quad i = 0 \text{ か } 3,$$
$$500 \leqq s_2 \leqq 508,$$

$$504 \leqq s_1 \leqq 512.$$

（3）より

$$s_0 - s_2 + 10(s_1 - s_3)$$

は 101 の倍数である．ここで $0 \leqq 10(s_1 - s_3) \leqq 160$ と $-12 \leqq s_0 - s_2 \leqq 4$ より

$$-12 \leqq s_0 - s_2 + 10(s_1 - s_3) \leqq 164$$

になる．したがって考えられる 101 の倍数は 0 と 101 だけである．

この 2 つの場合を別々に調べよう．

（a） $s_0 - s_2 + 10(s_1 - s_3) = 0$ のとき．

上の条件によって 2 つの可能性しかない．

$$s_0 = s_2, \qquad s_1 = s_3$$

または

$$s_2 = s_0 + 10, \qquad s_1 = s_3 + 1.$$

後者だと

$$2020 = s_0 + s_2 + s_1 + s_3 = 2s_0 + 10 + 2s_3 + 1$$

になり，左辺は偶数で右辺は奇数となり矛盾である．

前者の場合は $s_1 = s_3$ より $s_1 = s_3 = 504$ に決まる．ゆえに

$$2s_0 = s_0 + s_2 = 2020 - 2 \times 504 = 1012,$$

つまり $s_0 = 506$ になり $s_0 \leqq 504$ に反する．

（b） $s_0 - s_2 + 10(s_1 - s_3) = 101$ のとき．

これを満たす方法は再び 2 通りある．

$$s_0 - s_2 = 1, \qquad s_1 - s_3 = 10$$

と

$$s_0 - s_2 = -9, \qquad s_1 - s_3 = 11.$$

前者だとまたも $s_0 + s_2 + s_1 + s_3$ は偶数にならず矛盾を得る．では後者をゆっくり調べよう．

$s_2 = s_0 + 9$ と $s_1 = s_3 + 11$ を足すと $s_1 + s_2 = s_0 + s_3 + 20$ を得る．両側に $s_1 + s_2$ を足すと

$$2(s_1 + s_2) = s_0 + s_1 + s_2 + s_3 + 20 = 2040$$

になり，2で割って

$$s_1 + s_2 = 1020$$

になる．ゆえに $s_1 = 512$，$s_2 = 508$ に決まる．したがって

$$a_1 = 8, \qquad a_5 = a_9 = \cdots = a_{225} = 9$$

$$a_{226} = 4, \qquad a_{222} = a_{218} = \cdots = a_6 = a_2 = 9$$

と決定される．

$s_0 = 508 - 9 = 499$，つまり s_0 は上限の $9 \times 56 = 504$ より 5 だけ少ない．また $s_3 = 512 - 11 = 501$ で上限の 504 より 3 だけ少ない．最小の吉兆数を求めているので，これより

$$a_{224} = 9 - 5 = 4, \qquad a_{220} = \cdots = a_8 = a_4 = 9$$

$$a_{223} = 9 - 3 = 6, \qquad a_{219} = a_{215} = \cdots = a_7 = a_3 = 9$$

と各位の数字が決まってしまう．よって最小の吉兆数は

4946999⋯980　　（227桁）

であることが証明された．

なお，49469⋯9980 の代わりに 49499⋯9680，つまり下線の 6 と 9 を入れ換え損なった程度のミスをした人は準正解である．

2018 と 2019

では 2018 と 2019 の場合について紹介しよう．

はっきり言って僕はとても軽い気持ちで問題にこの 2 つの数を加えた．自分でも詳しく調べなかった．ただどちらの場合も 2020 の答えに較べて小さな吉兆数が存在することは確認した．その方法を説明しよう．

2018 か 2019 に対する 225 桁の吉兆数 $M = \sum_{0 \le i \le 224} a_i 10^i$ を考えよう（$0 \le a_i \le 9$）．

$$a_0 + \cdots + a_{223} \le 9 \times 224 = 2016.$$

よって 2019 の場合はすぐ

$$a_{224} \ge 2019 - 2016 = 3$$

を得る．また 2018 は偶数なので 2018 の場合は $a_0 \le 8$ を考慮して同じ結論に達する．

$a_{224} = 3$ なら $a_1 = \cdots = a_{223} = 9$ であり，それぞれの場合に $a_0 = 9$ と $a_0 = 8$ も

決まって，M の値は決定される．しかしこの M は 2019 と 2018 で割り切れない．

同様に考えると $a_{224} = 4$ のときも可能性が少ない．たった 1 つの a_i（$1 \le i \le 223$）が 9 から 8 に減るだけだからだ．（実はこのような解が存在しないことを示すにはかなりの計算が必要となる．）

次の可能性は $a_{224} = 5$ である．$A = 6 \cdot 10^{224}$ としよう．2019 の場合の M は $A - 1 - 10^p - 10^q$ の形になる（$0 \le p \le q \le 223$）．2018 の場合は $M = A - 2 - 10^p - 10^q$（$0 \le p \le q \le 223$）になる．

この形によって各位の数字の和がピッタリであることは保証される．残るハードルは 2019 や 2018 で割り切れることだ．そこで僕が思ったのは，p と q を選ぶ方法はたくさん（$\dfrac{224 \times 225}{2} = 25200$ 通り）ある，ということだ．その中に吉兆数もきっとある．

上の方針で最小の吉兆数を探すとき，コンピュータはとても便利である．しかし手計算でもできる．2018 の場合にその粗筋を紹介しよう．

$2018 = 2 \times 1009$．だから a_0 は偶数に決まる．これさえ守れば，1009 で割り切れるようにすればよい．

そのために 10^i を 1009 で割ったときの余りを（ちょっと長い）表にまとめる：

$10^0 \equiv 1 \pmod{1009}$,

$10^1 \equiv 10 \pmod{1009}$,

$10^2 \equiv 100 \pmod{1009}$,

$10^3 \equiv 1000 \pmod{1009}$,

$10^4 \equiv 10000 - 1009 \times 9 = 919 \pmod{1009}$,

$10^5 \equiv 919 \times 10 - 1009 \times 9 = 109 \pmod{1009}$,

などなど．前回の余りに 10 を掛けて 1009 の何倍か（0〜10）を引けばよい．電卓を使わなくてもかなり楽な作業である．肝腎の 10^{224} の余りをもっと速く計算することもできる．$224 = 7 \times 32$ なので 10^7 の余り，810 をもとに $810^2 \equiv 250 \pmod{1009}$，… などとやればよい．結局 $10^{224} \equiv 922 \pmod{1009}$ となる．ゆえに

$$6 \cdot 10^{224} - 2 \equiv 5530 - 5045 = 485 \pmod{1009}$$

だと判明する．

だから吉兆数を見つけるためには

$$10^p + 10^q \equiv 485 \pmod{1009}$$

を解けばよい．さらに $10^p + 10^q$ が大きく（それによって吉兆数が小さく）なるように，q をなるべく大きくするべきである．だから $q = 224, 223, \cdots$ と順に調べれば効率がよい（$q = 224$ は $a_{224} = 5$ の場合）．すると解

$$q = 204, \qquad p = 35$$

$$(10^{204} \equiv 42 \pmod{1009}, \quad 10^{35} \equiv 443 \pmod{1009})$$

を見つけることができる．これによって 2018 に対する最小の吉兆数は

$$6 \cdot 10^{224} - 2 - 10^{35} - 10^{204} = \underbrace{59 \cdots 9}_{19 \text{個}} \underbrace{89 \cdots 9}_{168 \text{個}} \underbrace{89 \cdots 9}_{34 \text{個}} 8$$

となる．

2019 = 3×673 である．だから各位の数の和が 2019 であれば 3 で自動的に割り切れる．673 の倍数にするために M を再び $M = 6 \cdot 10^{224} - 1 - 10^p - 10^q$，$0 \leqq p \leqq q \leqq 224$ の形で探せば最小の吉兆数に辿り着く．しかもいきなり $q = 223$ でその解が現れる：$p = 19$,

$$M = 6 \cdot 10^{224} - 1 - 10^{19} - 10^{223} = \underbrace{589 \cdots 9}_{203 \text{個}} \underbrace{89 \cdots 9}_{19 \text{個}} 9.$$

一般的な定理

誰かが次の定理を証明してくれるのではないかと期待していた．

定理　任意の自然数 n に対して，n の倍数で，各位の数字の和がちょうど n である十進法の数が存在する．

証明　まずは n と 10 の最大公約数 $(n, 10)$ が 1 であると仮定しよう．そこで b_i ($i \geqq 0$) を，10^i を n で割ったときの余りとして定義する．$0 < b_i < n$ によって b_i の値は高々 $n-1$ 種類である．よって $0 \leqq i < j$ で $b_i = b_j$ となるものが存在する．ここで j を最小に選ぶと $i = 0$ になる．これを示そう．

$i \geqq 1$ と仮定する．j の最小性より $b_{i-1} \neq b_{j-1}$．また $0 < b_{i-1}, b_{j-1} < n$ より n は $b_{i-1} - b_{j-1}$ の約数ではない．$(n, 10) = 1$ より $10 b_{i-1} - 10 b_{j-1}$ も n の倍数ではない．ところが $10 b_{i-1} \equiv b_i \pmod{n}$，$10 b_{j-1} \equiv b_j \pmod{n}$ と $b_i \equiv b_j$ から $10 b_{i-1} \equiv 10 b_{j-1}$

$(\mathrm{mod}\, n)$ を得る．この矛盾によって $i=0$ が証明された．

ゆえに $j>0$ を $10^j \equiv 1 \,(\mathrm{mod}\, n)$ が成り立つように選ぶことができる．このとき $1+10^j+10^{2j}+\cdots+10^{(n-1)j}$，つまり

$$\underbrace{100\cdots0}_{j個}\underbrace{100\cdots0}_{j個}\cdots\underbrace{100\cdots0}_{j個}1 \qquad (j(n-1)+1 桁)$$

を n で割ったときの余りは

$$1+1+\cdots+1 = n \equiv 0 \quad (\mathrm{mod}\, n)$$

であり，各位の数字の和もちょうど n で，つまり吉兆数である．これで $(n,10)=1$ の場合には題意が示された．

$(n,10) \neq 1$ のときは，$n=\tilde{n}\cdot 2^a\cdot 5^b$，$(\tilde{n},10)=1$ であるとする．$\tilde{n}$ の場合に作った十進法整数を $\tilde{M}$ としよう．この $\tilde{M}$ を $2^a 5^b = \dfrac{n}{\tilde{n}}$ 個分くっつけて書くと各位の数字の和が $\tilde{n}\times\dfrac{n}{\tilde{n}}=n$ になる．さらに $\max\{a,b\}$ 個の 0 を後にくっつけると n で割り切れるようになる．よって定理が証明された．

定理を十進法の場合に証明したが，この仮定は本質的ではない．ほぼ同じ証明法で二進法，三進法などの任意の基数に対して吉兆数の存在を示すことができる．

4 知念宏司

次の性質を満たす最小の自然数 N を求めよ：

「600 以下の自然数からどの N 個を選んでも，その中に互いに素な 2 つの自然数の組が存在する.」

応募者は 80 名で，10 代 1 名，20 代 9 名，30 代 11 名，40 代 16 名，50 代 22 名，60 代 15 名，70 代 4 名，80 代 2 名でした．正解者は 36 名です.

求める N の値は 301 です．8 割以上の方がこの値を書いておられましたが，そこに至る論理が問題で，結果として正解と認められる答案は半分以下となりました（本質はある程度つかめているように見えるが，証明にギャップがあるなど，論理性に難点のある答案は不正解としました）．では解答を見てみましょう.

解答例

まず $N \geqq 301$ でなければならないことは容易にわかります．というのは，600 以下の自然数の中には偶数が 300 個ありますから，$N \leqq 300$ なら，偶数ばかり N 個選ぶことにより，N 個のうちのどの 2 つの自然数を取っても 2 を公約数に持つようにできるからです.

問題は，たしかに $N = 301$ で足りること，つまり，301 個の自然数をどのように選んでも，その中に必ず互いに素な 2 個の自然数の組が含まれることを示すことです．ここが案外難しいところなのですが，次のように考えましょう．600 以下の自然数を次のように 300 個の部分集合に分けます：

$A_1 = \{1, 2\}, \quad A_2 = \{3, 4\}, \quad \cdots,$

$A_k = \{2k-1, 2k\}, \quad \cdots, \quad A_{300} = \{599, 600\}.$

選ぶべき自然数の個数は 301 なので，どのような選び方をしても，少なくとも 1 つの A_k から 2 個選ばなければなりません（いわゆる「引き出し論法」，「部屋割り論法」，「鳩の巣論法」とも呼ばれます）．各 A_k が含む数は連続する 2 整数なので，それらは互いに素になる，というわけです.

いかがでしょうか．引き出し論法の威力がよくわかりますね．本質的にこの方法を用いて，明快な論理で比較的すっきりと解いてくださった 12 名の答案をエレガントな解答としたいと思います．

後半のポイントは，「301 個選ぶと必ず隣り合う 2 整数が選ばれる」という点ですが，そこに注目すると次のような答案も可能です：

任意に選んだ 301 個の自然数を小さい方から順に並べたものを
$$(1 \leqq)\, a_1, a_2, \cdots, a_{301} \,(\leqq 600)$$
とします．これらが隣り合う 2 整数の組を 1 つも含んでいないとすると，
$$a_k - a_{k-1} \geqq 2$$
がすべての $k\,(2 \leqq k \leqq 301)$ に対して成り立ちます．これを $k = 2$ から 301 まで足し合わせることにより
$$a_{301} - a_1 \geqq 2 \cdot 300 = 600$$
が得られます．これから
$$a_{301} \geqq a_1 + 600$$
が得られますが，$a_1 \geqq 1$ ですから $a_{301} \geqq 601$ となり，$a_{301} \leqq 600$ に矛盾します．

この方法も，多少計算は必要ですが，なかなかよくできており，エレガントと言えるでしょう．

なお，後半部分の証明では，いずれの方法も，「隣り合う 2 つの自然数は互いに素である」という事実を用いています．これは明らかなので，証明なしに用いても正解としましたが，きちんと証明してくださった方も多くいらっしゃいました．念のため簡単にその証明を述べておきましょう．

n と $n+1$ が互いに素でないと仮定し，$d\,(> 1)$ を公約数にもつとしましょう．すると $n = dk$，$n+1 = dl$ となる整数 k, l が存在します．このとき明らかに $l > k$（どちらも整数だから $l - k \geqq 1$）であり，
$$1 = (n+1) - n = dl - dk = d(l-k) > 1$$
となって矛盾が生じます．

今回は,『数学セミナー』通巻 600 号(2011 年 10 月号)ということで,600 という数を問題に入れてみました.ただし,上の証明をご覧になるとおわかりの通り,600 でなくても偶数個なら同様のことが言えます.

後半部分に関するその他の正解答案ですが,「どの 301 個を選んでもその中に互いに素な 2 整数の組が存在する」の否定命題である「ある 301 個を選べばその中のどの 2 整数の組も 1 より大きい公約数を持つ」を仮定して矛盾を導く,という方法を採った方もおられました.その証明は,600 以下の自然数の素因数分解にどのようなパターンがあるかを調べていく,というもので,計算量はかなりのものになります.

こんな誤りに注意

今回の問題は,一見易しそうですが,実は論理の部分に注意しないと間違いを犯してしまう,といった類いのものだったと思います.そこで,よく見受けられた誤りのパターンを少しご紹介しましょう.

前半部分で「偶数ばかり 300 個選ぶと,どの 2 つを選んでも互いに素でなくなる」という事実を使いましたが,これに引っ張られたと思われるのが,「すべての数がある整数 n の倍数となるように選ぶとき,最も多くの整数を選べるのは $n = 2$ のとき(偶数ばかりを選ぶ)であるから,$N = 301$ が答である」と結論づけるものです.選んだ整数の集合からどの 2 つを選んでも互いに素でない,という状況は,選んだ整数すべてが一斉に $n \, (> 1)$ で割り切れなくても起こり得ます.例えば,$15 = 3 \cdot 5$,$35 = 5 \cdot 7$,$21 = 7 \cdot 3$ を考えてみましょう.これら 3 つの数の最大公約数は 1 で,これらを一斉に割り切るのは 1 のみですが,2 つずつ選んだ組はどれも 1 より大きい公約数をもちます.

また,「偶数ばかり 300 個選んでおき,これに奇数を 1 つ加えれば,選んだ奇数と他の偶数は互いに素となる」という答案も複数見られました.この答案の誤りは,まず,これはある特殊な選び方しか見ていないという点です(問題には「どの N 個を選んでも」とあります).さらに,偶数と奇数は必ずしも互いに素にはなりません(5 と 10 は公約数 5 をもちます).

拡張と感想

　さて，今回数名の方がこの問題の拡張あるいは類似を考えてくださいました．その中から1つ選んでご紹介しましょう．奈良県・野崎伸治さんは問題の「600以下の自然数」を「600以下の奇数」に置きかえた問題を考えてくださいました．この場合の答は $N = 101$ です．なぜなら，まず600以下の奇数は300個あり，その中に3の倍数が100個あります．したがって $N \geqq 101$ がわかります．実際に101個で十分なことの証明は引き出し論法によります．600以下の奇数を $\{1, 3, 5\}, \{7, 9, 11\}, \cdots, \{595, 597, 599\}$ と，3個ずつの組に分けます．これらの集合の個数は100個ですから，101個の数を選ぶと，2つの数を選ばなければならない集合が必ず1つは存在します．そこで，隣り合う3つの奇数 $(2m+1, 2m+3, 2m+5)$ から2つの数を選ぶと必ず互いに素となることが言えればいいのですが，これは上で紹介した「隣り合う2つの自然数は互いに素」と同様の考え方で示すことができます．

　最後に，寄せてくださった感想を少しご紹介しましょう．「鳩の巣原理に辿り着くまでずいぶん苦労しました…が，改めてその意外性と実用性を実感できました」(東京都・野崎雄太さん)，「当初は，いろいろと遠回りをしましたが，連続する2数が互いに素，という自明な事実に気づき，あっという間に導けました．600という数に意味はなかったんですね．整数問題は，大好きですので，非常に楽しめました」(所沢市・朝倉崇之さん)．お二人の感想はこうした問題の本質をよく表していますね．何かポイントとなる事実に気づくまではいろいろ大変ですが，気づいてしまえばあとは簡単，ということはよくあることです．そして，うまく気づいたときの爽快感もまた格別でしょう．今回も楽しんでいただき，ありがとうございました．

5 佐久間一浩

$$k = \sqrt[3]{\sin \frac{\pi}{14}} - \sqrt[3]{\sin \frac{3\pi}{14}} + \sqrt[3]{\sin \frac{5\pi}{14}}$$

とする．このとき，k の値(三角比を用いない 表示)を求めよ．

余裕のある方は，k^3 の最小多項式(k^3 を根 にもつ整数係数の多項式で次数が最小のも の)を求めてみてください．

　問題が比較的易しいこともあってか，多くの応募者があったのは出題者の望外 の喜びである．全部で，80名の方々の解答をいただいた．皆さん，問題を楽しま れて解いておられる様子が犇々と伝わってきた．応募者の内訳は，10代1名，20 代4名，30代9名，40代9名，50代27名，60代25名，70代4名，80代1名，で あった．k の値を求める，すなわち(三角比を用いない)簡明な表示を求める前半 部分と，k^3 の最小多項式を求める後半部分に分かれるが，内容的には前半と後半 は表裏一体のものである．前半部分の正解者が59名あったのはとても喜ばしい．

　最初に，出題者の用意した答えを解説しておこう．内容的にはほぼ大学入試の 三角関数と方程式の範囲に収まる計算であるが，一部高校の教科書の「発展」レ ベルの内容(例えば，三次方程式の解と係数の関係など)を用いることになる．し たがって，高校生でも解ける問題と言えるので，充分教育的であると出題者は自 負するが，読者諸氏のご判断はいかがだろうか．なお，応募者によるさまざまな コメント等については，解説の後に触れることにする．

前半の解答

まずは $\sin \theta = \cos\left(\frac{\pi}{2} - \theta\right)$ より，

$$\sin \frac{3\pi}{14} = \cos \frac{2\pi}{7},$$

$$\sin \frac{\pi}{14} = -\cos \frac{4\pi}{7},$$

$$\sin \frac{5\pi}{14} = -\cos \frac{6\pi}{7}$$

なので,

$$-k = \sqrt[3]{\cos\frac{2\pi}{7}} + \sqrt[3]{\cos\frac{4\pi}{7}} + \sqrt[3]{\cos\frac{6\pi}{7}}$$

となる. そこで,

$$\alpha = \sqrt[3]{\cos\frac{2\pi}{7}},$$

$$\beta = \sqrt[3]{\cos\frac{4\pi}{7}},$$

$$\gamma = \sqrt[3]{\cos\frac{6\pi}{7}}$$

とおくと, $k = -(\alpha+\beta+\gamma)$ であって,

$$\alpha^3 = \cos\frac{2\pi}{7},$$

$$\beta^3 = \cos\frac{4\pi}{7},$$

$$\gamma^3 = \cos\frac{6\pi}{7}$$

である.

このとき, $\theta = \dfrac{2n\pi}{7}$ $(n = 1, 2, 3)$ とおくと, $7\theta = 2n\pi$ より, $4\theta = 2n\pi - 3\theta$ となるので, 両辺の余弦をとって,

$$\begin{aligned}
\cos 4\theta &= \cos(2n\pi - 3\theta)\\
&= \cos(-3\theta)\\
&= \cos 3\theta \qquad\qquad\qquad\qquad\qquad (1)
\end{aligned}$$

を得る. ここで, 余弦の倍角と三倍角公式より,

$$\begin{aligned}
\cos 4\theta &= 2\cos^2 2\theta - 1\\
&= 2(2\cos^2\theta - 1)^2 - 1,\\
\cos 3\theta &= 4\cos^3\theta - 3\cos\theta
\end{aligned}$$

なので, これらを(1)に代入して,

$$2(4\cos^4\theta - 4\cos^2\theta + 1) - 1 - (4\cos^3\theta - 3\cos\theta) = 0$$

$$8\cos^4\theta - 4\cos^3\theta - 8\cos^2\theta + 3\cos\theta + 1 = 0$$

$$(\cos\theta - 1)(8\cos^3\theta + 4\cos^2\theta - 4\cos\theta - 1) = 0$$

となる．したがって，$\alpha^3, \beta^3, \gamma^3$ は三次方程式 $8x^3+4x^2-4x-1=0$ のすべての解である．よって，解と係数の関係より，

$$\alpha^3+\beta^3+\gamma^3 = -\frac{1}{2} \tag{2}$$

$$\alpha^3\beta^3+\beta^3\gamma^3+\gamma^3\alpha^3 = -\frac{1}{2} \tag{3}$$

$$\alpha^3\beta^3\gamma^3 = \frac{1}{8} \tag{4}$$

となり，特に(4)より同値な $\alpha\beta\gamma = \frac{1}{2}$ を得る．ここで，因数分解公式

$$\alpha^3+\beta^3+\gamma^3-3\alpha\beta\gamma = (\alpha+\beta+\gamma)(\alpha^2+\beta^2+\gamma^2-\alpha\beta-\beta\gamma-\gamma\alpha)$$
$$= (\alpha+\beta+\gamma)^3-3(\alpha+\beta+\gamma)(\alpha\beta+\beta\gamma+\gamma\alpha)$$

を用いて，冒頭の $k=-(\alpha+\beta+\gamma)$ に注意し，$l=\alpha\beta+\beta\gamma+\gamma\alpha$ とおくと，(2), (4) より $(-k)^3-3(-k)l = -\frac{1}{2}-\frac{3}{2} = -2$ となるので，

$$k^3-3kl = 2 \tag{5}$$

を得る．さらに，上の因数分解公式で，α, β, γ を $\alpha\beta, \beta\gamma, \gamma\alpha$ に置き換えると，

$$\alpha^3\beta^3+\beta^3\gamma^3+\gamma^3\alpha^3-3(\alpha\beta\gamma)^2 = (\alpha\beta+\beta\gamma+\gamma\alpha)^3-3(\alpha\beta+\beta\gamma+\gamma\alpha)\alpha\beta\gamma(\alpha+\beta+\gamma)$$

となるので，(3), (4) より

$$l^3+\frac{3}{2}kl = -\frac{1}{2}-3\left(\frac{1}{2}\right)^2 = -\frac{5}{4}$$

を得るので，両辺 4 倍して

$$4l^3+6kl = -5 \tag{6}$$

となる．(5), (6) より，kl の項を消去して，

$$2k^3+4l^3 = -1 \tag{7}$$

を得る．(5) より，$l=\dfrac{k^3-2}{3k}$ なので，これを(7)に代入して

$$2k^3+4\cdot\frac{(k^3-2)^3}{27k^3} = -1$$

$$4(k^3-2)^3+54k^6 = -27k^3$$

$$4k^9+30k^6+75k^3-32 = 0$$

$$k^9+\frac{15}{2}k^6+\frac{75}{4}k^3 = 8$$

$$k^9+3\left(\frac{5}{2}\right)k^6+3\left(\frac{5}{2}\right)^2k^3+\left(\frac{5}{2}\right)^3=\left(\frac{5}{2}\right)^3+8$$
$$\left(k^3+\frac{5}{2}\right)^3=\left(\frac{3}{2}\right)^3\cdot7$$

となるので，最終行の 3 乗根をとって

$$k^3=\frac{3\sqrt[3]{7}-5}{2} \qquad (8)$$

となる．よって，結局求める三角比によらない表示

$$k=\sqrt[3]{\frac{3\sqrt[3]{7}-5}{2}} \qquad (9)$$

が得られた． □

(9)により，問題では要求していないが，

$$l=\sqrt[3]{\cos\frac{2\pi}{7}\cos\frac{4\pi}{7}}+\sqrt[3]{\cos\frac{4\pi}{7}\cos\frac{6\pi}{7}}+\sqrt[3]{\cos\frac{6\pi}{7}\cos\frac{2\pi}{7}}$$

の三角比によらない表示も求められることに注意する．

　三次方程式の解の公式には，一般に虚数による表示が伴うが，上の計算のように，方程式を立方完成して求められるという意味で，本問は高校数学の範囲と言えよう．蛇足であるが，(9)の根号内の分子で，$(3\sqrt[3]{7})^3-5^3=189-125=64>0$ であるから，$k>0$ であることもわかる．

後半の解答

　上の計算で見たように，$4k^9+30k^6+75k^3-32=0$ なので，k^3 は整数を係数とする三次方程式 $f(x):=4x^3+30x^2+75x-32=0$ の解となっている．しかし，これはあくまで k^3 の最小多項式の候補であって，$f(x)$ が最小次数であることは証明を要する．すなわち，k^3 が三次の無理数であることを示す必要がある．

　まずは，$k^3\in\mathbb{R}-\mathbb{Q}$（$\mathbb{R}$ は実数全体，$\mathbb{Q}$ は有理数全体）を背理法で示す．k^3 が有理数と仮定すると，(8)より $\sqrt[3]{7}$ も有理数となるので，$\sqrt[3]{7}=\frac{n}{m}$ と既約分数で書けることになる．両辺三乗して，$7m^3=n^3$ となるが，左辺は素因数の個数が $3p+1$ 個，右辺は 3 の倍数個で，これは素因数分解の一意性に反するので，$k^3\in\mathbb{R}-\mathbb{Q}$ が示された．

61

最後に，k^3 が有理数を係数とする二次方程式 $x^2+ax+b=0$ の解とはならない
ことを示せば，k^3 が二次以下の最小多項式をもち得ないことが示されたことにな
る．そこで，k^3 が二次方程式 $x^2+ax+b=0$ $(a,b\in\mathbb{Q})$ の解であると仮定する．
このとき，$f(x)$ を x^2+ax+b で割ると，

$$f(x)=(x^2+ax+b)(4x+30-4a)+(4a^2-30a-4b+75)x+4ab-30b-32$$

となり，$x=k^3$ を代入すると $(4a^2-30a-4b+75)k^3+4ab-30b-32=0$ を得るが，
$k^3\in\mathbb{R}-\mathbb{Q}$ なので，連立方程式

$$4a^2-30a-4b+75=0,$$
$$4ab-30b-32=0$$

が得られる．最初の式から，$4b=4a^2-30a+75$ を得るので，第二式に代入して，
a の三次方程式が得られるが，これを解くと

$$4a^3-60a^2+300a-\frac{1189}{2}=0$$
$$8a^3-120a^2+600a-1000=189$$
$$8\,(a-5)^3=27\cdot7$$
$$2^3(a-5)^3=3^3\cdot7$$
$$a=5+\frac{3\sqrt[3]{7}}{2}$$

となる．ここでも，解の公式によらず立方完成により，a が求まるのが肝腎な部
分である．

さて，すでに上で示した $\sqrt[3]{7}\in\mathbb{R}-\mathbb{Q}$ から，$a\in\mathbb{R}-\mathbb{Q}$ となり，これは $a\in\mathbb{Q}$ に矛
盾する．以上で，$f(x)=4x^3+30x^2+75x-32$ が k^3 の最小多項式であることが示
された． $\qquad\square$

コメント

出題は，三角比の三乗根の交代和の計算なので，三角関数の加法定理から派生
する諸性質と三次方程式の代数的計算が主題となるのは一目で推察できるであろ
う．

正解者のほとんどすべては，三角関数の加法定理から派生する諸性質を法とし
て，上記解説と本質的に同じ議論に基づくものである．なお，本出題は静岡市・

鈴木丈喜さんご指摘の通り，2019 年に行われた「近畿大学数学コンテスト」の問題の一つの variant（実際の出題は前半部分は同様で，後半は k^3 が三次の無理数であることを示す）である．

　本題は本質的に代数的問題だが，「エレガントな解答をもとむ」のタイトル通り，これを（本質的に）幾何学的アプローチのみで解決するエレガントな解答を期待したが，そうした解答はなかった（正七角形の性質等に言及されたものは散見された）．また，前半部分の解答を，「三角比を用いない表示」という意味から，虚数 i を含む式（三次方程式の解の公式を用いる）で表示された方が数名おられたが，これは例えば次の大学入試問題などからも察せられるように，k の値を求める表示としては未完成と言える：

$$n = \sqrt[5]{\frac{5\sqrt{5}+11}{2}} - \sqrt[5]{\frac{5\sqrt{5}-11}{2}}$$ とする．このとき，実数 n の値を求めよ．

実際，答えは $n = 1$ である．もちろん 1 以外の表示の仕方もあるが，どれも 1 という表示に比べたら未完成と言えるだろう．上の解説にあるように，解の公式ではなく，立方完成により方程式が具体的に解けるところが鍵である．

　また，後半については前半部分をきちんと解けると最小多項式の候補 $f(x)$ は解説にもあるようにすでに求まっている．多くの方が自明に $f(x)$ が最小多項式であると片づけていたが，教育的観点からこれは正解とは言えない．例えば大津市・栗原悠太郎さんも言及されているように，最小性を示すためには，$f(x)$ が $\mathbb{Z}$ 上既約な一次または二次の因子をもたないことを丁寧に示せばよい．その丁寧な議論は，結局はこれと同値な上の解説のように，$\sqrt[3]{7}$ の無理数性を示すことと，二次の場合に立方完成で矛盾を導くための三次方程式の解法を具体的に遂行することができたか否かが死命を制するのである．この意味の正解者は残念ながら数名にとどまった．このほか，工夫された議論等個々に触れたい答案もあるが，紙数の関係で省略させていただくことをご了解願いたい．

　最後に，何人かの方々から注意いただいたが，$-k$ を求めるのが「ラマヌジャンの問題」として知られているようである（ご指摘に感謝いたします）．出題者は，拙著『大学数学への誘い』（日本評論社）を執筆中，三角比に関するある演習問題の

解き方がわからないと共著者からの質問を受けた．そこで解説とともに派生する計算として，

$$\sin\frac{\pi}{14}\sin\frac{3\pi}{14}\sin\frac{5\pi}{14} = \frac{1}{8} = \left(\frac{1}{2}\right)^3$$

に気がつき，この背景をあれこれ掘り下げている過程で，基本対称式と対称式に関する代数構造から本問に至った次第である．後半の最小多項式をきちんと求める問題は，筆者が日頃の講義で出会う学生たちの論証力の弱点（自明と言って証明を省略する癖）からの思いつきである．

6 出題者
安田 亨

a は 1 と異なる正の定数である．指数関数

$$f(x) = a^x$$

の逆関数を $g(x)$ とする．方程式

$$f(x) = g(x)$$

を満たす実数解の個数を求めよ．

応募総数 78 名，正解は 12 名です．応募者の年齢別の内訳は 10 代が 5 名，20 代が 5 名，30 代が 3 名，40 代が 25 名，50 代が 27 名，60 代が 5 名，70 代が 7 名，80 代が 1 名です．1 割 5 分ほどという正答率に多くの方が驚かれるでしょう．63 名は「$0 < a < 1$ のとき解の個数が 1」とされました．ここは 1 個と 3 個の場合に分かれます．

$a > 1$ のときは大学受験では昔からよく知られた問題であり，たとえば 1987 年慶應義塾大学・理工学部にあります．曲線 $y = a^x$ は下に凸，$y = \log_a x$ は上に凸なので，2 曲線の共有点の個数は 2, 1, 0 のいずれかです．2 曲線の間に直線 $y = x$ をはさんで考えれば，大学入試問題としては適度な問題です．

難しいのは $0 < a < 1$ の場合であり，テーマは

凹凸が同種のものはグラフから判断はできない

です．凹凸が同種だと，何度も追いつき追い越し，多くの交点をもつ可能性があります．言葉でこじつけている方が見られましたが，単調で凹凸一定というだけでは解の個数はわかりません．最後の付録を参照してください．

受験雑誌『大学への数学』2004 年 1 月号で，円と放物線を使って「凸凸を安直に考えていいのか？」という話を書きました．既読の方は「主眼は $0 < a < 1$ にあり」と見抜かれたようです．

高校生向けの参考書や問題集の中には，

$f^{-1}(x) = f(x)$ の解は $f(x) = x$ の解である

と書いたものがあります．これが多くの誤答を生んだ原因かもしれません．増加関数のときは正しいですが，減少関数のときはこの限りではありません．

解答

実数解の個数を N とする.

（ア）　$a > 1$ のときは $f(x) = a^x$ は増加関数であり，$f(x) = f^{-1}(x)$ の解は $f(x) = x$ の解であることが次のようにわかる.

$$f(x) = f^{-1}(x) \Longleftrightarrow f(f(x)) = x$$

$f(x) > x$ を満たす x に対しては

$$f(f(x)) > f(x) > x$$

$x > f(x)$ を満たす x に対しては

$$x > f(x) > f(f(x))$$

となるから $f(f(x)) = x$ を満たさない. よって，$f(x) = f^{-1}(x)$ の解は $f(x) = x$ の解である.

逆に $f(x) = x$ の解は $x = f^{-1}(x)$ を満たし $f(x) = f^{-1}(x)$ を満たす.

よって $a^x = x$ の解を考えればよく，$x \log_e a = \log x$，つまり

$$\log_e a = \frac{\log x}{x}$$

となる.「文字定数は分離せよ」という大学受験で有名な定石がある. これは「変数を積（商）の形で集めろ」と認識した方が応用性が広い.

$Y = \dfrac{\log x}{x}$ の増減と $\displaystyle\lim_{x \to \infty} Y = 0,\ \lim_{x \to +0} Y = -\infty$ から

$$\log_e a > \frac{1}{e} \left(a > e^{\frac{1}{e}} \right) \quad \text{のとき} \quad N = 0$$

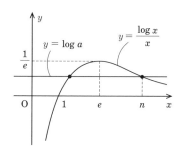

図1

$$\log_e a = \frac{1}{e}\ (a = e^{\frac{1}{e}})\quad \text{のとき}\quad N = 1$$

$$0 < \log_e a < \frac{1}{e}\ (1 < a < e^{\frac{1}{e}})\quad \text{のとき}\quad N = 2$$

（イ）　$0 < a < 1$ のとき．$f(f(x)) = x$ を考えてもよいが，指数の小さな部分が読みにくいので $f(x) = f^{-1}(x)$ のままで考える．

$$a^x = \log_a x \qquad (x > 0)$$

このまま差をとったのではてこずる．変数を積の形で集め

$$1 = \frac{a^{-x}\log x}{\log a}$$

とする．$\log a = -b\,(b > 0)$ とおく．$a = e^{-b}$ であり，$1 = -\dfrac{e^{bx}\log x}{b}$ となるので，

$$F(x) = 1 - a^{-x}\log_a x = 1 + \frac{e^{bx}\log x}{b}\qquad (x > 0)$$

とおく．次に符号を調べる際にポイントとなる次の事実に注意する．

補題　$F(x) < 0 \iff F(a^x) > 0,$
　　　　$F(x) > 0 \iff F(a^x) > 0.$

証明　グラフから考えても当然だが直観を排除するために式で書こう．

$$F(x) = 1 - a^{-x}\log_a x = a^{-x}(a^x - \log_a x)$$

だから

$$F(x) > 0 \iff a^x > \log_a x \iff a^{a^x} < x$$
$$\iff a^{a^x} < \log_a a^x \iff F(a^x) < 0. \qquad\blacksquare$$

図 2（次ページ）を見れば補題を思いついた理由がわかるだろう．

$$F'(x) = \frac{1}{b}\left(be^{bx}\log x + e^{bx}\cdot\frac{1}{x}\right) = \frac{e^{bx}}{x}\left(x\log x + \frac{1}{b}\right)$$

である．ここで

$$G(x) = x\log x + \frac{1}{b}$$

とおくと $G'(x) = \log x + 1$ であり，$\displaystyle\lim_{x\to +0} x\log_e x = 0$ だから

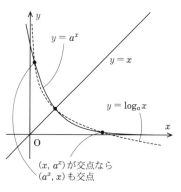

$$y = a^x$$
$$y = x$$
$$y = \log_a x$$

(x, a^x) が交点なら
(a^x, x) も交点

図 2

$$\lim_{x \to +0} G(x) = \frac{1}{b}$$

である. また $\lim_{x \to +\infty} G(x) = \infty$ である.

（a） $\dfrac{1}{b} - \dfrac{1}{e} < 0 < \dfrac{1}{b}$ のとき. $b > e$, $a = e^{-b}$ より $0 < a < e^{-e}$.

表 1

x	0	$\cdots$	$\dfrac{1}{e}$	$\cdots$
$G'(x)$		$-$	0	$+$
$G(x)$	$\dfrac{1}{b}$	$\searrow$	$\dfrac{1}{b} - \dfrac{1}{e}$	$\nearrow$

$G(x)$ のグラフは図 3 であり, $G(x) = 0$ の解は 2 つある. その解を α, β $(\alpha < \beta)$ とすると $F(x)$ は表 2 のように増減するから N は最大で 3 である.

表 2

x	0	$\cdots$	α	$\cdots$	β	$\cdots$
$F'(x)$		$+$	0	$-$	0	$+$
$F(x)$		$\searrow$		$\nearrow$		$\searrow$

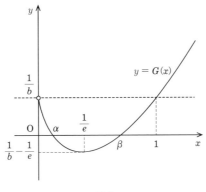

図3

$e^x \geqq ex$（等号は $x=1$ で成り立つ）が示せるので $e^{\frac{b}{e}} > e \cdot \dfrac{b}{e} = b$ となり，

$$F\left(\frac{1}{e}\right) = 1 + \frac{-e^{\frac{b}{e}}}{b} = \frac{b - e^{\frac{b}{e}}}{b} < 0, \tag{1}$$

$$F(1) = 1 > 0. \tag{2}$$

ところで，$a < a^{\frac{1}{e}} = e^{-\frac{b}{e}} < e^{-1} = \dfrac{1}{e} < 1$ であり，(1)と補題により

$$F(a^{\frac{1}{e}}) = F(e^{-\frac{b}{e}}) > 0.$$

(2)と補題により $F(a) = F(e^{-b}) < 0$ だから $F(x)$ のグラフは図4のようになり $N = 3$ である．

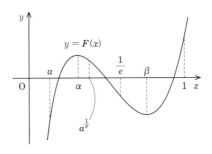

図4

（b） $0 \leqq \dfrac{1}{b} - \dfrac{1}{e}$ のとき．$0 < b \leqq e$，$a = e^{-b}$ より $e^{-e} \leqq a < 1$ となる．$G(x)$

$\geqq 0$, $F'(x) \geqq 0$ だから $F(x)$ は増加関数であり，$\displaystyle\lim_{x \to +0} F(x) = -\infty$，$F(1) = 1$ > 0 より $N = 1$．

以上をまとめて

$a > e^{\frac{1}{e}}$ のとき $N = 0$,

$a = e^{\frac{1}{e}}$ のとき $N = 1$,

$1 < a < e^{\frac{1}{e}}$ のとき $N = 2$,

$\dfrac{1}{e^e} \leqq a < 1$ のとき $N = 1$,

$0 < a < \dfrac{1}{e^e}$ のとき $N = 3$.

なお上では補題を使いましたが，$F(e^{-\frac{b}{e}}) > 0$ は直接示すことができます．

$$F(e^{-\frac{b}{e}}) = -\frac{e^{be^{-\frac{b}{e}}}}{e} + 1$$

で $H(x) = xe^{-\frac{x}{e}}$ $(x \geqq e)$ とすると

$$H'(x) = e^{-\frac{x}{e}} - \frac{x}{e}e^{-\frac{x}{e}} = \frac{e-x}{e}e^{-\frac{x}{e}} \leqq 0$$

と $H(e) = 1$ から

$$0 < H(b) < 1.$$

よって $e^{be^{-\frac{b}{e}}} < e$ から

$$F(e^{-\frac{b}{e}}) = -\frac{e^{be^{-\frac{b}{e}}}}{e} + 1 > 0$$

となります．

また，$b > e$ のとき，補題に気づかないと $0 < x < \dfrac{1}{e}$，$F(x) > 0$ になる x が見つかりません．この場合は次のようにもできます．

$\dfrac{1}{e} < x < 1$ に $F(x) = 0$ の解が少なくとも 1 つある．また，$a^x = x$ を満たす x は $F(x) = 0$ の解だが，その解について $e^{-bx} = x$ から $xe^{bx} - 1 = 0$ となる．$p(x) = xe^{bx} - 1$ とおくと $p(x)$ は増加関数であり，

$$p\left(\frac{1}{e}\right) = \frac{1}{e}e^{\frac{b}{e}} - 1 > \frac{1}{e}e - 1 = 0.$$

だから $a^x = x$ の解は $x < \dfrac{1}{e}$ にある. よって上で示した $\dfrac{1}{e} < x < 1$ の解は $a^x = x$ の解ではない. さらに $a^x \neq x$, $F(x) = 0$ を満たす解 x があれば a^x も $F(x) = 0$ の解だから $N = 3$ である.

　読者解答では, $b > e$ のとき $F(x) > 0$, $F(x) < 0$ になる x の存在を示していない人もいました.

　$a^x = x$ の解と $a^x \neq x$ の解に分けて考察された方がいます. 後者は $a^q = p$, $a^p = q$, $p < q$ とおき, $a^{pq} = p^p = q^q$ として, x^x のグラフから $\dfrac{1}{e} < q < 1$ はわかります. その後の「a に対して p, q が存在するか」が問題ですが, いきなり a の範囲にしてあり, 説明不足で理解できませんでした. しかし, 私流に勝手に補って正解者としています.

　実は, 編集部に最初に提出した問題文は, 本問を (1) とし, 次の付録を (2) としたものでした. しかし, 私は「問題文は, 可能な限り簡潔であるべきだ」という主義です. そこで, 単に短くしたいがために, 正式原稿では付録部分を削除してしまったのです. もともと, 一般に, 任意の正の奇数個がありうる, ということを告知する問題だったのですから, $0 < a < 1$ の部分で, 多くの方が 1 個と答えられていたのを見たときには, 意図をうまく伝えられず, 申しわけなく思いました. 何人かの高校教員の方が「教科書傍用問題集に間違った記述がある (今回の原稿のせいでその後訂正されたらしい)」と書かれていて, さらに複雑な思いを抱きました. 私は高校数学をマスターするのに苦労しました. 教科書の説明の大部分において許しがたい記述が目について, うまく入っていけなかったのです. たとえば「サイコロを投げて出た目が 1 になる確率」では「思いっきり投げたら拾いにいかないといけないし, 見つからないだろう. だいたい, 出たなら見ればよくて, そこに 2 があったら, 確率は 0 だ. 1 じゃなかったらどうしよう, 怖いわと言って, 見ないで確率を考えているのか? 文章が悪い」という具合です. 私は授業中「教科書は私の時間を盗んだ. 戸惑った時間を返せ」と叫び, 生徒は呆れかえっています. 細部にまで心が行き届いた教科書と傍用問題集になることを祈ります.

付録

幻の問(2) 単調かつ凹凸を変えない関数 $f(x)$ とその逆関数 $f^{-1}(x)$ について方程式 $f(x) = f^{-1}(x)$ の実数解の個数がちょうど $2n+1$ 個(n は自然数)のものはあるか．あればその実例を示せ．定義域は実数全体でも閉区間でも適宜決めてよいが，2 回微分可能な関数に限る．

解答 定義域を $0 \leqq x \leqq 1$ としてまず最初に次の条件を満たす $h(x)$ を定め，そのグラフを C とする．たとえば中心が第 3 象限の原点近くで $(1,0), (0,1)$ を通る円を考えればこれを満たすようにできる．

1. 単調減少で，傾きが 0 や無限大に近づかない．
2. C の曲率が 0 に近づかない．
3. $h(x) = h^{-1}(x)$（C が直線 $y = x$ に関して対称）．

この曲線 C を，原点 O を通る直線で放射状に $4n$ 等分し「そのまま，ごく小さくへこませ，そのまま，ごく小さく出っ張らせ」ということを繰り返したものが $f(x)$ のグラフとすると，$f(x) = f^{-1}(x)$ が $2n+1$ 個の解をもつ．図 5 は $n = 2$ の場合である．

変形がごく小さければ，単調性や凸性を変えないことを，パラメータ表示して

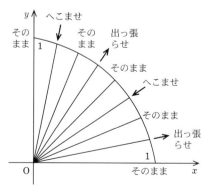

図 5

計算で確認できますが省略します．パラメータ表示でなく，$f(x)$ を具体的な x の式で表したかったのですが，それは難しそうです．

　なお，変数を積（商）で集めろ，というのは大変有効な方法で，たとえば，

$$e^x > 1 + x + \frac{x^2}{2!} + \cdots + \frac{x^n}{n!} \qquad (x > 0)$$

を示すのに，普通は数学的帰納法を用いたり何度も微分しますが，

$$1 > e^{-x}\left(1 + x + \frac{x^2}{2!} + \cdots + \frac{x^n}{n!}\right)$$

を示すと考えれば 1 回ですみます．

永田雅宜

四面体(三角錐)の4個の面が，すべて互いに合同ならば，その三角形の面は鋭角三角形であることを示せ．

［コメント］ 鋭角三角形を与えれば，4面がすべてそれと合同であるような四面体があることが知られている．上の問題は，その逆を示すものである．

77名の方から解答をいただいたが，複数解答の方がたくさんおられるので，解答総数は多かった．9名の解答は，誤りであったり，説明不足や誤記のため解答の意図がわからなかった．そのほかに，意図はわかるが，理由不明のが1名あった．解答者の年齢分布は10代6，20代5，30代13，40代22，50代19，60代6，70代6であった．

最初に，出題者が用意した解答を2種類述べよう．

［解Ⅰ］ 鋭角三角形でない，互いに合同な三角形を面にもつ四面体があったとして，矛盾を導こう．一つの面の鋭角でない頂角の対辺 AB を共有する2面を取り出して，その展開図を考えると，辺の長さの組み合わせを考慮すると，AB を対角線にもつ平行四辺形 ACBD が得られる(図1)．このとき，CD ≦ AB である．四面体は，AB を軸にして △ABD を回転して，新しい D の位置を F としたとき，AB = CF である位置があるときに限って得られる．しかし，F は AB に垂直な面上の，AB 上の点を中心とする円上にあるので，CF の大きさは F = D のときだけが最大であるので，そのような四面体はない(CD = AB の場合，F = D とし

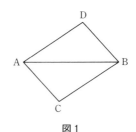

図1

たのではペシャンコになって，四面体にならない）．

［コメント］　鋭角でない頂角の辺になっている辺を使っても，言いまわしを変えてできる．また，このまねを鋭角三角形に適用すれば，鋭角三角形を与えたとき，4面がそれと合同な四面体の存在証明ができる．

［解II］　［補題］　多面体の1頂点に集まる面の数が3であるとき，集まっている角の大きさを，それぞれ α, β, γ とすると，$\alpha + \beta > \gamma$．

　証明は，頂点の近くの面を考え，γ を持つ辺と β を持つ辺との境を切ってつぶせばわかる．

［問題の解］　図2からわかるように，4面が互いに合同な四面体では，各頂点に，各三角形の3内角が集まる．そこで，それらを α, β, γ とすると，$\alpha + \beta > \gamma$．

　ゆえに

$$2\gamma < \alpha + \beta + \gamma = 2\angle R \qquad \therefore \quad \gamma < \angle R$$

これが他の頂角にも適用できるので，このような四面体の面は鋭角三角形である．

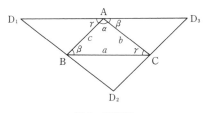

図2　展開図

　上の解Iと同様と考えられる解答は，6名から寄せられた．これと似てはいるが，展開図（図2）を考え，四面体を組み立てるべく，まん中の三角形を固定して，隣の2三角形を折り，頂点の動きを見て，それが同一点に出会うことがないという方向での解答が，7名から寄せられた．

　上の解IIと同様と考えられる解答は，16名から寄せられた．

　これと似た解答で，「面となる三角形の頂角を α, β, γ とし，$\gamma \geqq \angle R$ ならば，$\alpha + \beta < \gamma$ となり，展開図を折ることを考えると，角 α，角 β の分が届かないので，四面体はできない」というのも，9名から寄せられた．

他方，円周角に着目した興味深い解答が，昭島市・小川竜氏，静岡市・鈴木丈喜氏，徳島市・古川民夫氏，和歌山市・二宮文雄氏から寄せられたので，それを紹介しよう．

（小川氏・鈴木氏の解答）　このような四面体 ABCD で，鋭角でない頂角の対辺の一つが AB であるとする．AB を直径とする球で，円周角を考えると C, D ともに球の中に入ることがわかる．AB ＝ CD で，AB が直径なので，CD も直径である．ゆえに，AB, CD は球の中心を通り，四面体はできない．

（古川氏・二宮氏の解答）　稜（1 次元の辺）BC の中点を M とする．
$$2MA = AM + MD > AD = BC = 2MC$$
ゆえに平面 ABC 上で，BC を直径とする円を描くと，A はその外にある．ゆえに頂角 A は鋭角である．他の頂角も同様である．

　筆者の恩師である栗田稔先生の著書『初等数学 15 講』に，この問題を扱っている場所があるが，それと同様な解答がいくつかあった．栗田先生の解答について「わからないから教えてほしい」ということもある解答に付記されていたので，それを考慮して紹介しよう．

　展開図（図 2）で，α, β は鋭角とする．これから出発して四面体を組み立てると，AB, BC, CA を折り目にして，外側の 3 三角形を立ち上げるのであるが，頂点 D_1 の正射影は AB，したがって $D_2 D_3$ に垂直に大三角形の中を進む．D_1 と AB との距離を考えると，正射影は大三角形の外または $D_2 D_3$ へ到達することはない．できあがった四面体の頂点 D の影は，この垂線上にあり，大三角形の垂心であるから，垂心は内部にあり，鋭角三角形である．各面はそれと相似である．

　この型の解答では，垂心が内部にある理由の説明（たとえば上で述べたような）が必要であるが，それのない解答がいくつかあった．栗田先生の本にも書いていない（それが「わからないから教えてほしい」との希望の原因であろう）．しかし多くの解答は，何らかの説明が付いていた．

　この型の解答を寄せられたのは，10 名であった．そのほか 2 名の解答は他の方と違いはあるが，この型と見てよいと思う．

　その他で多かったのは，四面体の 6 本の稜（1 次元の辺）が面の対角線になるよ

うな直方体に埋めて考えるもので，三角形の3辺の長さを a, b, c として，直方体の稜の長さ x, y, z から，

$$a^2 = x^2 + y^2, \qquad b^2 = y^2 + z^2, \qquad c^2 = z^2 + x^2$$

を導き，$a^2 < b^2 + c^2$ を得るのである．このタイプの解答は，5名から寄せられた．方向は同様であるが，議論の仕方が異なる解答が3名から寄せられた．

　川崎市・新井正志氏と神戸市・八橋毅氏からは，次のような解答が寄せられた．
　展開図の上に展開する前の四面体を置いてみる．$AD_2 = AD_3 = AD$ なので，$\angle D_2 D D_3 = \angle R$. 同様に $\angle D_1 D D_2 = \angle R$, $\angle D_2 D D_1 = \angle R$. そこで，$DD_1 = x$, $DD_2 = y$, $DD_3 = z$ とおくと

$$x^2 + y^2 = 4c^2, \qquad y^2 + z^2 = 4a^2, \qquad z^2 + x^2 = 4b^2$$

となり，

$$x^2 = 2(-a^2 + b^2 + c^2) > 0$$
$$y^2 = 2(a^2 - b^2 + c^2) > 0$$
$$z^2 = 2(a^2 + b^2 - c^2) > 0$$

が得られ，面が鋭角三角形であると結論している．これは，なかなか良い解答である．

　その他の解答はエレガントとは感じなかった．唐津市・山下勝文氏は上で紹介した古川氏の解答と同様な図形を考えて，異なる計算をしていた．その他は，座標を考えたり，ベクトルを使ったりして，計算をしているものである．そういう解答を寄せられた方々は12名であったが，内容は省略しよう（複数解答の場合があるので，重複して数えられていることがある）．
　国分寺市・綾夏樹氏の解答は，論拠不充分であった．それは，このような四面体の外接球を考えると，各面が定める平面の外側にある球の部分は，対称性により，互いに合同である．したがって，球の中心は四面体の内部にある．球の中心から四面体の面へ下ろした垂線の足は，面（三角形）の外心であって面の中にある（この「中にある」部分の理由が述べていない）．したがって，各面は鋭角三角形である．

8 縫田光司

以下の問題(＊)について考えます.

> (＊) 1, 2, □, 5, 4, … という数列の □ に
> 入る数は何でしょうか？

おまけ問題 上記の問題(＊)について, どの
整数を「答え」としても数学的に正しい理由
付けが可能であることを示してください. よ
り詳しくは, どの整数 n を「答え」とした場
合にも, 4 次以下の有理数係数の多項式
$P(x)$ で,

$$P(1) = 1, \quad P(2) = 2, \quad P(3) = n,$$
$$P(4) = 5, \quad P(5) = 4$$

を満たすものが常に存在します. (なお, こ
れ自体はよく知られた事実ですので, このお
まけ問題への解答は不要です. ご存知でなか
った方は, せっかくなので考えてみてくださ
い.)

本題 「おまけ問題」の事実を踏まえた上で,
あなたが選ぶ上記の問題(＊)の「答え」(つま
り, □ に入る数)と, そのできるだけエレガ
ントな理由付けをお答えください. なお, 本
出題では以下の二つの部門を設けますが, 片
方のみへのご解答でも両方へのご解答でも構
いません.

- ●【数式部門】 できるだけエレガントな
  「数式」による理由付けを添えた解答
  を募集します. ここでの「エレガン
  ト」は例えば, 見た目の簡潔さ, 場合
  分けの少なさ, などが考えられます.
- ●【無差別級】 「数式」に限らず, いわゆ
  る頭の体操的なものも含めたエレガン
  トな理由付けによる解答を募集します.

解答者は 10 代 5 名, 20 代 3 名, 30 代 4 名, 40 代 9 名, 50 代 23 名, 60 代 23 名,
70 代 1 名, 80 代 1 名, 90 代 2 名の計 71 名でした. 多数のご解答ありがとうござ
います. 普段はこの後に「正解者は○○名でした」と続きますが, 本出題ではそ
れは野暮というものでしょう.

おまけ問題

まず, 簡単におまけ問題を解説します. 出題文の性質を持つ多項式 $P(x)$ は,
具体的に

$$P(x) = 1 \cdot \frac{(x-2)(x-3)(x-4)(x-5)}{(1-2)(1-3)(1-4)(1-5)} + 2 \cdot \frac{(x-1)(x-3)(x-4)(x-5)}{(2-1)(2-3)(2-4)(2-5)}$$
$$+ n \cdot \frac{(x-1)(x-2)(x-4)(x-5)}{(3-1)(3-2)(3-4)(3-5)} + 5 \cdot \frac{(x-1)(x-2)(x-3)(x-5)}{(4-1)(4-2)(4-3)(4-5)}$$

$$+4 \cdot \frac{(x-1)(x-2)(x-3)(x-4)}{(5-1)(5-2)(5-3)(5-4)}$$

として構成できます．似たような方法により，k を正の整数として，k 個の異なる点 a_i $(i = 1, 2, \cdots, k)$ での値 b_i をもとに，これらすべての点で $P(a_i) = b_i$ を満たす $k-1$ 次以下の多項式 $P(x)$ を構成できます（上記の例は $k = 5$ の場合に相当します）．この構成法は「ラグランジュ（Lagrange）補間」と呼ばれます．

出題文の「問題(*)」のような数列の穴埋め問題は，いわゆる頭の体操的なクイズ以外に，中学受験の算数や就職試験などでもしばしば用いられます．前述のラグランジュ補間などからわかるように，純粋に数学的な観点では，こうした数列の穴埋め問題にはいくらでも「正解」を作り出せるわけです[1]．この点を逆手にとって，数列の穴埋め問題をネタにして本気で遊んでみよう，というのが本出題の動機でした．

ちなみに，ラグランジュ補間は暗号技術の一種「秘密分散法」にも応用されています．これは，秘密の値 c を大勢で分散管理する際に，ある人数（例えば k 人）が集まれば c を復元できるが，それ未満の人数では c の情報を何も得られないようにする技術です．シャミア（Shamir）が 1979 年に考案した秘密分散法[2]では，定数項が秘密の値 c となる $k-1$ 次以下の多項式 $P(x)$ をランダムに選び，各自が 0 以外の異なる点 a_i での多項式の値 $b_i = P(a_i)$ を保存します．そして，値 b_i たちが k 個集まると，ラグランジュ補間により多項式 $P(x)$ が求まり，$c = P(0)$ が復元できます．一方で，k 個未満の値 b_i からは，秘密の値である $P(0)$ の可能性をまったく絞り込めないことも示せます．

本題：前置き

以下，問題の数列の第 m 項を a_m で表します．つまり，「答え」の□には a_3 が入ります．

1）とはいえ，こういった試験の場面では，その「正解」が出題者の想定した「正解」と異なる場合，大抵は不正解扱いになってしまうわけです．涙を禁じ得ません．できれば理由付きで答えを問うてほしいところですが，現実的には難しいのでしょうね．

2）A. Shamir, "How to Share a Secret", *Communications of the ACM*, vol. 22, no. 11, 1979, pp. 612–613.

鳥取市・山本英樹氏など複数の方も言及していますが，数列データベースを検索できる OEIS という便利なウェブサイト[3]があります．本出題の元ネタとなる数列を選ぶにあたり，OEIS に載っていなそうな数列にしようと思って考えたのが，「漢数字の一，二，三，四，五，…の画数」でした．この画数は順に $1, 2, 3, 5, 4, \cdots$ なので，「答え」は $a_3 = 3$，という具合です．（これは無差別級でしょうね．）OEIS は海外のサイトなので漢字は守備範囲外と推測したのですが，念のため検索してみたら，なんとこの数列がしっかり収録されていることがわかりました（項目 A030166）．現実は非情です．なお，実に 31 名もの方々が上記と同じ数列を挙げていました[4]．その中で，山口市・奈良岡悟氏と蒲郡市・黄瀬正敏氏は，これが出題者の想定解であることまで看破していました．お見事です．

以降では紙数の都合上，皆様からの解答の中で特に印象深かった解答たちを紹介します．なお，それらの中には，出題者の独断で「数式部門」と「無差別級」の区分を変更したものもあります．ご容赦ください．

本題：数式部門

まず，「おまけ問題」と同様に，$a_1 = 1$，$a_2 = 2$，$a_4 = 5$，$a_5 = 4$ の 4 点から補間多項式 $P(x)$ を計算して数列を決めた方々が 17 名います（札幌市・齋藤晃氏ほか）．この $P(x)$ は 3 次式で，具体的には

$$P(x) = -\frac{1}{4}x^3 + \frac{23}{12}x^2 - 3x + \frac{7}{3}$$

と計算できます．このとき□に入るのは $P(3) = \dfrac{23}{6}$ となります．ほかにも，偶関数となる最小次数（6 次）の補間多項式を用いた解答（志木市・細野源蔵氏）や，なるべく次数の小さい有理式による解答（箕面市・斎藤博氏）もありますが，残念ながらそれらの多項式や有理式はあまり綺麗な係数にならないようでした．

東京都・後藤雅樹氏など 8 名の方々は，三角関数を用いて

3）The On-Line Encyclopedia of Integer Sequences.
　　　http://oeis.org/
4）その解答者の中には，別の数列を本命の解答としている方々も含めています．以降で紹介する解答についても同様です．

$$a_m = 3 - 2\cos\left(\frac{m-1}{3}\pi\right)$$

という簡潔な解答を示しています[5]．なお，東京都・山本彬也氏は，この数列がかなり簡素な漸化式 $a_m = a_{m-1} - a_{m-2} + 3$ を満たすことや，16進数の分数 $\frac{22}{111}$ （つまり，10進数の $\frac{34}{273}$ ）の10進小数展開の循環節 124542 と一致することを指摘しています．

　上記以外に漸化式を用いた解答は，4項間の漸化式を用いたものも複数ありましたが，山本英樹氏は3項間漸化式

$$a_m = -3a_{m-1} + 5a_{m-2} + 4$$

を用いた解答を与えています．また，三重県・奥田真吾氏の解答では

$$a_m = (a_{m-1} - a_{m-2}) \bmod 6$$

という関係式を用いています[6]．

　そのほか，絶対値や床関数 $\lfloor x \rfloor$，天井関数 $\lceil x \rceil$ を用いた解答，問題の数列を複数の部分数列に分割した解答などが多くありました．例えば，本庄市・折笠良彦氏と黄瀬正敏氏の解答は

$$a_m = m + (-1)^m \left\lfloor \frac{m}{4} \right\rfloor$$

でした．

　当部門の「入賞作品」には，前述の三角関数を用いた8名の解答と，下記3名の解答を選びます．まず，浦安市・川辺治之氏による

$$a_m = (\lfloor \log_2 m \rfloor + 1)^2 - m$$

という解答ですが，$\lfloor \log_2 m \rfloor + 1$ が m の2進数表示の桁数であることを踏まえて，きちんとした意味付けを持った良い解答だと感じました．次に，東京都・浜田忠久氏の解答は，F_m を m 番目のフィボナッチ数として，

$$a_m = (mF_m) \quad \bmod 7$$

というものです．フィボナッチ数とmodを用いた簡潔な表示が印象的でした．最後に，横浜市・水谷一氏の解答

5）cosでなくsinを使うなど，表記が異なる解答も含みます．
6）整数 a を正の整数 b で割った余りを $a \bmod b$ で表しています．a が負の場合も含めて，余りは0から $b-1$ の範囲で考えます．

$$a_m = \frac{2^m - (m-1)(m-2)(m-3)}{2}$$

は，式の構成に「人工的」な雰囲気を感じさせない非常にエレガントな解答だと感じました．この解答を数式部門の「大賞」に選びたいと思います．

本題：無差別級

以下，p_k を k 番目の素数，S_k を k の正の約数の和，$\ell_2(k)$ を k の2進数表示の桁数とします．

比較的数式っぽい解答には，「漸化式 $a_m = a_{m-1} + a_{m-2}$ で a_m を定め，a_m が偶数になったら一度だけ2で割る」(町田市・小林洋平氏)，$a_m = 257 \mod p_m$ (東京都・山田知己氏，京都市・尾本親治氏)，$a_m = S_m - \ell_2(m) + 1$ (豊前市・林道宏氏) などがありました．

約数に関連する解答として，山本英樹氏と浜田忠久氏は，整数 $i = 1, 2, \cdots$ を

   (I) S_i が小さい順，

   (II) S_i が同じならば i 自身が小さい順，

と並べてできる数列 $1, 2, 3, 5, 4, 7, 6, 11, \cdots$ という解答を挙げています[7]．山本英樹氏は，a_m として，「m の素因数分解に現れる各素数を一つ大きな素数に置き換えた数」に1を足して2で割る，という解答も挙げています[8]．浜田忠久氏は，m の約数の個数と m 未満の素数の個数の和を a_m とする解答も挙げています．川辺治之氏は，10 を底とする一般化フェルマー数 $10^{2^m} + 1$ の素因数の個数を a_m とする解答を挙げています(詳細は OEIS の項目 A275381 などをご参照ください)．

円周率 π や自然対数の底 e など，何らかの実数の小数展開を用いた解答者は7名いました．その中で，さいたま市・河村直彦氏は，π の小数点以下第 24422 桁，第 92570 桁，第 272517 桁，第 106164 桁，第 116544 桁，第 130108 桁，第 17810 桁，第 127882 桁，第 32652 桁，第 169000 桁目以降に，a_3 が $0, 1, \cdots, 9$ となる数列がそ

---

7) 山本英樹氏は，この数列が OEIS に収録されている(項目 A085790)ことも言及しています．
8) この数列も OEIS に収録されています(項目 A048673)．

れぞれ現れることを指摘しています[9]．東京都・ζ氏は，π の小数点以下 $232+6m$ 桁目（$m = 1, 2, \cdots$）が順に $1, 2, 1, 5, 4, \cdots$ となることを指摘しています．

水谷一氏と浜松市・深川龍男氏の解答は，u 個と v 個（ただし $u \leqq v$）の石からなる山二つを用いた石取りゲームで，二人のプレイヤーが交互に「片方の山から任意の個数」または「両方の山から同じ個数」の石を取り，最後に石を取り尽くしたプレイヤーが勝ち，というゲーム[10]を用いています．このとき，後手に必勝法が存在する石の個数の組 (u, v) のうち k 番目の組 (u_k, v_k) は，$k-1$ 番目までの組に現れない最小の整数を u_k とし，$v_k = u_k + k$ として得られることが知られており，また $u_k = \left\lfloor \dfrac{1+\sqrt{5}}{2} k \right\rfloor$ が成り立つことも知られています．これらの組 $(1, 2), (3, 5), (4, 7), (6, 10), (8, 13), \cdots$ の数を順に並べたものも問題の数列になっています．

また，下図のようなさいころの展開図を考え，左上から順に数字を読むと問題の数列が得られます．表現が異なるものも含め，実質的にこれと同じ解答を姫路市・日髙好光氏など 5 名が挙げています．

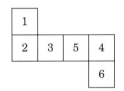

出題者の想定解は漢字を用いていますが，奈良岡悟氏は英語を用いた解答として，数字 m の英語表記に現れる「'e', 'i', 'g', 'o' の個数」の 2 倍プラス「それ以外の文字の個数」の 3 倍マイナス 6 を a_m とする数列を挙げています．例えば 1 は one なので $a_1 = 2 \cdot 2 + 3 \cdot 1 - 6 = 1$，という具合です．また，新潟市・熊木辰雄氏は数

9）なお，一部の桁数はウェブサイト

    http://www.suguru.jp/www.monjirou.net/semi/pi/pi.html

  の数表を参考に若干の修正を加えています．もしこれが原因で間違いが生じた場合は出題者の責任です．

10）このルールは Wythoff's Game とも呼ばれるようです．OEIS の項目 A072061 も参考にしてください．

の英語表記を用いた解答に加えて，ローマ数字やひらがなを用いた解答も挙げています．

一風変わった解答として，千葉市・石野知宏氏は，野球のメジャーリーグ，デトロイト・タイガースのアメリカンリーグにおける 1945 年からの順位変遷が 1 位，2 位，2 位，5 位，4 位，…と問題の数列になっていることを指摘しています[11]．また，紙数の都合で詳細は割愛しますが，東京都・渡邊芳行氏の解答では平面図形を用いた面白い数列の構成法を述べています．ほかにも，テレビの地方局のチャンネル割り当てをもとにした解答（大田原市・大野雅彦氏）などもありました．

このように多彩な解答をいただいた無差別級ですが，大賞には，名古屋市・山本長晴氏による以下の解答を選びます．これは，バッハ作曲『主よ，人の望みの喜びよ』の冒頭部について，最初の音の高さを基準「1」として旋律を数列に直すと「12354465587853123…」となり，問題の数列の条件を満たしている，というものです．数列を音楽と結びつけるという発想は，斬新さと優雅さの両方の意味で「エレガントな解答」の名に相応しいと思います．

それ以外の入賞作品は以下の通りです．山田知己氏と尾本親治氏の mod p_m を用いた解答は，簡潔さに加えて「百五減算」を連想させる趣深い解答だと思いました．ζ氏の π を用いた解答は，連続した桁ではなく等差数列となるよう桁数を選ぶ工夫により，約 230 桁目というかなり早い地点から問題の数列を見出した点を巧みと感じました．最後に，石野知宏氏による解答は，野球のデータと関連付けるというまさに「無差別級」な発想と，問題の数列を見出すまでの根性を兼ね備えた点で印象的でした．

本出題は変則的な内容のため戸惑われた方も少なくなかったかと思いますが，多くの解答者の皆様に楽しんでいただけたようで，出題者としても嬉しく思います．改めまして，解答者の皆様にお礼申し上げます．

11）出題者はこの事実を
　　　http://detroit.tigers.mlb.com/det/history/year_by_year_results.jsp
　　の一覧表で確認しました．なお，同氏によると日本プロ野球とメジャーリーグで問題の数列のような順位変遷はほかに例がないとのことですが，これについては出題者側では確認できていません．

9 出題者 中本敦浩

P₁, P₂, P₃ を頂点とする正三角形を考えます．頂点 P_1 について，その頂点を含む線分 $\overline{P_1P_2}$ と $\overline{P_1P_3}$ のそれぞれを n 等分する点を取り，P_1 から数えて i 番目どうしの点を直線分で結びます（$i = 1, \cdots, n-1$）．この操作を P_2 と P_3 についても行い，得られた正三角形格子を T_n とします．

ここで問題です．T_n において，線分が2本以上交わる点を頂点とする正三角形は全部でいくつあるでしょうか．ただし，求める正三角形のなかには T_n と線分を共有しないものもあることに注意してください．例えば，

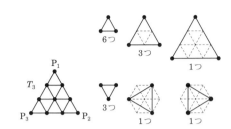

T_3 のなかの求める正三角形の総数は 15 個です．

短いエレガントな解答を期待しています．

具体的でシンプルな問題ということもあり，10 代 3 名，20 代 3 名，30 代 4 名，40 代 25 名，50 代 23 名，60 代 4 名，70 代 6 名，80 代 1 名の合計 69 名，幅広い年齢層からの多数の応募がありました．そして，正解者は 51 名であり，今回は正答率 74% の易しい問題でした．私もある程度それを予想していましたので，特に，問題文中で「エレガントな解答」を要求しました．解答者の皆さんもその文言に反応されたようで，エレガントさを精査した形跡が残る解答が多い一方，がむしゃらに計算して得られた正解に満足しきれないまま時間切れになった旨が述べられた解答もありました．そういう部分がこの問題の面白さであると感じている作問者にとって，読者のそのような反応はたいへん嬉しく思います．

では，さっそく解答に移りたいと思います．最初は，今回寄せられた最も多い解答です．

まず，T_n と同じ向きの正三角形を**上向き正三角形**と呼びます．そして，上向き正三角形の一辺が k 個の単位線分からなるとき，それを**大きさ k の上向き正三角形**と呼ぶことにします．

【解答1】 最初に，次の主張を確認します．

[主張] 数えるべき任意の正三角形はある唯一の上向き正三角形に内接しており（図1参照），さらに，大きさ k の任意の上向き正三角形には，自分自身も含め，それに内接する k 個の正三角形が含まれる．

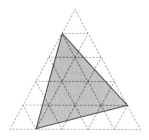

図1 大きさ5の上向き正三角形に内接する正三角形

T_n の中の大きさ k の上向き正三角形の個数は

$$1+2+\cdots+(n-k+1) = \frac{(n-k+1)(n-k+2)}{2}$$

であるから，主張より，求めるべき正三角形の個数 $M(n)$ は次のようになります．

$$
\begin{aligned}
M(n) &= \sum_{k=1}^{n} k \cdot \frac{(n-k+1)(n-k+2)}{2} \\
&= \sum_{k=1}^{n} \frac{k^3 - (2n+3)k^2 + (n+1)(n+2)k}{2} \\
&= \frac{1}{2} \cdot \frac{n^2(n+1)^2}{4} - \frac{2n+3}{2} \cdot \frac{n(n+1)(2n+1)}{6} \\
&\quad + \frac{(n+1)(n+2)}{2} \cdot \frac{n(n+1)}{2} \\
&= \frac{1}{24} n(n+1)(n+2)(n+3) \\
&= \binom{n+3}{4}.
\end{aligned}
$$

$\blacksquare$

解答1では，主張によってうまく数えているのがわかります．私が最初に思いついた解法もこれです．さまざまな解答の中には，数えるべき正三角形を傾きによって分類したり，T_n と T_{n-1} のなかに含まれる正三角形の個数の差を立式したものもありました．こちらで思いつかなかったものとして，漸化式と二項係数とのうまい関係を用いた解答もありましたが，いずれも計算をする上での工夫ということで，解答1に含めたいと思います．

出てきた答えが $\binom{n+3}{4}$ ということで，やはり，その二項係数としての組合せ的意味を模索したいところです．次の解答はある程度それに答えます．

【**解答2**】　頂点 P_1 から P_2 に向かって長さ $x\,(\geqq 1)$ 進み，その点 X から直線 P_2P_3 に平行に左方向へ長さ $y\,(\geqq 1)$ 進み，その点 Y から直線 P_3P_1 に平行に斜め上方向へ長さ $z\,(\geqq 1)$ 進み，最後に，その点 Z から直線 P_1P_2 に平行に斜め下方向へ長さ $w\,(\geqq 1)$ 進んで点 W で止まります．ただし，

$$n \geqq x \geqq y \geqq z \geqq w \geqq 1.$$

そこで，線分 YZ を一辺とする上向き正三角形に内接する正三角形で点 W をその頂点として含むものを考えます（図2参照）．

ここで，求めるべき正三角形と x, y, z, w の取り方が1対1に対応することがわかります．x, y, z, w の選び方は $\binom{n+3}{4}$ 通りあるから（n 個の玉と4つの仕切りを1列に並べる方法の総数で，一方の端が玉になっているようなものの総数だから），$\binom{n+3}{4}$ が答えとなります．　∎

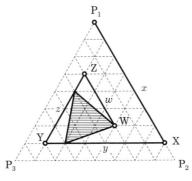

図2　道 P_1XYZW と正三角形の対応

ほかにも，数えるべき正三角形と4つの自然数の組との1対1対応を作った解答もありましたが，解答2に代表させていただきたいと思います．しかし，これらの解答では，まだまだ二項係数の意味が見えづらいです．

最後に，二項係数 $\binom{n+3}{4}$ の意味にこだわった桶川市・秋山佳子氏による解答を述べます．（豊田市・白山義和氏もこれに類似した解答を寄せられました．）

【解答3】

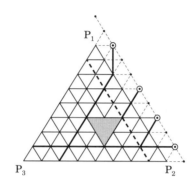

図3 $n+3$ 個から4点を選ぶと …

図3参照．（あえて説明しません．）　　　　　　　　　　　　　　　　　■

この解答において，一番上に選んだ点のあたりが少々強引な気がするなら，以下のようにも考えられます．

図4の左図では上向き正三角形のみを数えて，右図はそれ以外の正三角形を数えています．それぞれ，$\binom{n+2}{3}$ 個と $\binom{n+2}{4}$ 個なので，合計で

$$\binom{n+2}{3}+\binom{n+2}{4}=\binom{n+3}{4}\text{個}$$

となります．（解答3のやや強引な対応は図4の左右を同時に扱おうとする工夫です．）

最後に，この問題との出会いなどについて．

このような問題で私が最初に目にしたのは，「図5左のような n 段階段格子にはいくつの長方形が存在するか」です．

高校数学の教科書に，1対1対応の考え方の例として，「$n \times m$ の格子の中に長

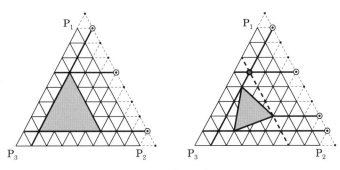

図4 $n+2$ 点から 3 点と 4 点を選ぶと …

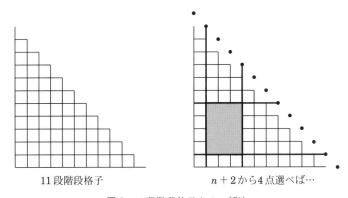

11 段階段格子 $n+2$ から4点選べば…

図5 11 段階段格子とその解法

方形はいくつあるか」という問題が載っています．縦から 2 本と横から 2 本選ぶと長方形が決まるので，その個数は $\binom{n+1}{2} \times \binom{m+1}{2}$ 個というものです．n 段階段格子の問題も同じような方法で，含まれる長方形の個数を数えられると思いつつ，いろいろ試行錯誤を繰り返してみました．しかしながら，まったくうまくいきませんでした．仕方がないので，いったんシグマ記号を駆使して無理やり計算してみると，$\binom{n+2}{4}$ という答えが出てきます．その秘密は図 5 右にあると友人に聞き，とてつもない感動に襲われたものです．［その感動や考えられる教育的意義等について，『数学セミナー』1999 年 8 月号，2003 年 10 月号に書かせていただきました．］

その後，この類題として考えたものが，「大きさ n の三角格子 T_n の中の上向き

正三角形と下向き正三角形（上向き正三角形を 180 度回転したもの）はいくつあるか」でした．数名の読者が指摘していたように，これは『数学セミナー』2001 年 10 月号の「エレガントな解答をもとむ」で出題したものです．その出題では，それを 3 次元に拡張するとどうなるのかについても問うており，実際はそちらの方がメインでした．ところが，上向き三角形に関しては，図 4 左のように，階段格子での方法（図 5 右）と同様の方法で見事に求まるにも関わらず，下向き三角形の個数を求める方法はうまく見つかりませんでした．そもそも，n の偶奇性による場合分けが必要であり，それほどきれいな答えが出てきません．それはそれでよくあることで，何か釈然としない気持ちのままその問題を出題していたのを覚えています．

そんななか，ひょんなことから斜めのものも含めて正三角形の個数を数えてみると，見事なまでの答え $\binom{n+3}{4}$ が出てきました．映画『博士の愛した数式』（2006 年公開）のなかで博士が言うように「数式は美しいもの」ならば，三角格子 T_n の中で数えるべき対象は，上向き・下向き正三角形だけではなく，今回出題したように，傾いたものも含むすべての正三角形だったんだと思わされます．

私の今回の出題は，そのような美しい数学的現象を発見した満足感を伴うものでした．

10 一松 信

出題者

辺長 1 の正三角形 ABC の 3 頂点からの距離 PA, PB, PC がすべて有理数である点 P を全有理距離点とよぶことにします.

初級問題 正三角形の辺上および外接円の周上に, 全有理距離点が無限個あることを証明してください.

上級問題 正三角形の内部にある全有理距離点の実例(3 個の距離)を挙げてください. ただし結果だけでなく, どのようにして求めたか, 経過も記述してください. コンピュータによる探索も歓迎します.

---

58 通の解答をいただきました. 初級問題のみ(上級問題も考えたが途中で挫折した方を含む)が 31 通, 両方解いた方が 26 通, 上級問題のみが 1 通でした. 上記の区分とは別に年齢別は次のとおりでした.

| 10 代 | 1 | 20 代 | 7 | 30 代 | 8 | 40 代 | 9 |

| 50 代 | 21 | 60 代 | 8 | 70 代 | 3 | 記入なし | 1 |

このうち初級問題の拡張を論じたが当面の問題自体の解答を明確に示していなかった 1 通を除いて, 一応全員「正解」としました. ただし細かい点でいくつかの不備が散見されました.

座標をとって(複素数平面活用もある)計算した方が多く, 解法は多様ですが, 初級問題では初等幾何学的な考えを主として述べます.

松本市・高村薫氏からいくつかの文献をご教示いただきました. 私自身も出題直後に次の本に載っているのに気付きました.

M. Erickson, *AHA! Solutions*, Math. Ass. Amer., 2009, 2.2 節, pp. 46-48.

上級問題に疑念(解がない?)を表明した方があり, 直接私信もいただきましたが, 多くは誤解(他の定理との混同)のようです. ただ最小解が後述(8)のような「大きな」数であり, 方程式を作ったがうまく解けずに挫折した方がかなりいました.

初級問題（辺上の点）

辺 BC 上の点 P で考えます．BP が有理数 v なら CP $= w = 1-v$ も有理数であり，AP $= u$ が有理数なら全有理距離点です．一辺の長さを l（当面 $= 1$）とすると，$\angle$B $= 60°$ から $\triangle$ABP で

$$l^2 + v^2 - lv = u^2 \tag{1}$$

が成立します．公分母を掛ければ整数 a, b, c が

$$a^2 + b^2 - ab = c^2 \qquad (a > b) \tag{2}$$

を満たす組です．3辺の長さが(2)を満たす三角形の簡単な一例が $a = 8$, $b = 5$, $c = 7$ なので，語呂合わせでこの種の三角形を**ナゴヤ(758)三角形**とよぼうという提案が以前からあります．ここだけの仮の用語として使用します．

(2)に対して $b' = a - b$ とした a, b', c もナゴヤ三角形です．これを(2)の**共役ナゴヤ三角形**とよびます．一対の共役ナゴヤ三角形 $\triangle$ABP, $\triangle$ACP に対して辺 AP でくっつけると正三角形 ABC ができます．a で割れば一辺1の正三角形に対する辺上の全有理距離点になります（図1）．

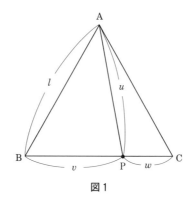

図1

ところで**原始的**な（a, b, c に公約数が1以外にない）ナゴヤ三角形は，適当な正の整数 m, n によって

$$\begin{aligned}
a &= 2mn + m^2, \\
\{b, b'\} &= \{m^2 - n^2, 2mn + n^2\}, \\
c &= m^2 + mn + n^2 \qquad (m > n > 0)
\end{aligned} \tag{3}$$

と表されることが知られています．第2の式はbとb'とがそれぞれ右辺の2項のどちらかで表されるという意味です．その判定も興味ありますが，当面とは別の課題です．(3)の証明も素因数分解の一意性に基いて難しくはありませんが，長くなるのでここでは(3)で表されるa, b, c（またはa, b', c）がナゴヤ三角形であることを検証するのに留めます．直接(2)の左辺に代入してもできますが，

$$a^2 - c^2 = (a+c)(a-c)$$
$$= (2m^2 + 3mn + n^2)(mn - n^2)$$
$$= (2m+n)(m+n)(m-n)n$$
$$= (m^2 - n^2)(2mn + n^2)$$
$$= bb' = (a-b)b = (a-b')b'$$

として(2)が成立するというのが早いでしょう．

ともかく(3)で与えられるナゴヤ三角形は形の違うものが無限にあり，それらに対応する辺上の全有理距離点 P も無限にあります． □

初級問題（外接円周上）

正三角形 ABC の外接円周上で，弧$\overset{\frown}{\mathrm{BC}}$（頂点 A と反対側）上の点 D は

$$\mathrm{AD} = \mathrm{BD} + \mathrm{CD}$$

を満たします．これはトレミーの定理そのものですが，AD 上に DE = DC である点をとって △AEC ≡ △BDC を証明することから導びかれます（次ページ図2）．

逆に共役ナゴヤ三角形の対があれば，$60°$ をはさむ長い方の辺aどうしを AD ではり合わせると

$$\mathrm{AB} = \mathrm{AC} = c,$$
$$\mathrm{AD} = a = b + b' = \mathrm{BD} + \mathrm{CD},$$
$$\angle \mathrm{BDA} = \angle \mathrm{CDA} = 60°,$$
$$\angle \mathrm{BDC} = 120°,$$
$$\mathrm{BC}^2 = b^2 + b'^2 + bb' = b^2 + a(a-b) = c^2$$

であり（図2），△ABC は正三角形，D は外接円の弧$\overset{\frown}{\mathrm{BC}}$上の点になります．全体を$c$で割れば一辺1の正三角形の外接円周上の全有理距離点になります．相異なる形の無限個のナゴヤ三角形に対応して，外接円周上の相異なる点 D が無限個得られます． □

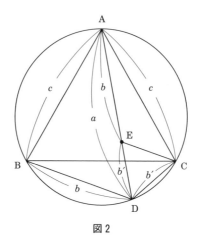

図 2

上級問題

　まず一辺の長さ l の正三角形 ABC の内部に一点 P があり

$$AP = u, \qquad BP = v, \qquad CP = w$$

とするとき，u, v, w, l が次の等式を満足することを証明します（$u/l, v/l, w/l$ が所要の全有理距離点）．

$$l^4 - l^2(a^2 + v^2 + w^2)$$
$$+ (u^4 + v^4 + w^4 - u^2 v^2 - v^2 w^2 - w^2 u^2) = 0 \tag{4}$$

これは和算家の「六斜術」の特別な場合です．いろいろと面白い証明の工夫をした方が多かったのですが，冒頭の書物に次のような巧妙な証明がありました．

　△ABC を点 C を中心として 60° 回転し，点 B, A, P がそれぞれ点 A, A′, Q に移ったとします（図 3）．∠AQP $= \theta$ とおくと

$$\angle BPC = \angle AQC = 60° + \theta$$

であり，

$$u^2 = v^2 + w^2 - 2vw \cos \theta \tag{5}$$
$$l^2 = v^2 + w^2 - 2vw \cos (60° + \theta)$$
$$= v^2 + w^2 - vw \cos \theta + \sqrt{3}\, vw \sin \theta \tag{6}$$

です．$\sqrt{1 - \cos^2 \theta}$ を計算して

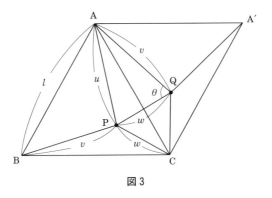

図3

$$0 < \sin\theta$$
$$= \frac{\sqrt{-u^4-v^4-w^4+2u^2v^2+2u^2w^2+2v^2w^2}}{2vw}$$

です．さらに(5)を活用して(6)を

$$2l^2-(u^2+v^2+w^2) = 2\sqrt{3}\,vw\sin\theta$$

と変形し，両辺を 2 乗すれば，

$$4l^4-4l^2(u^2+v^2+w^2)+(u^2+v^2+w^2)^2$$
$$= 3(-u^4-v^4-w^4+2u^2v^2+2u^2w^2+2v^2w^2)$$

となります．移項整理して 4 で割れば(4)を得ます． □

ただし(4)は点 P が同一平面上のどこにあっても成立するので，△ABC の内部にあるためにはさらに不等式

$$u \le v \le w \quad \text{とするとき} \quad w < l, \qquad l^2+u^2+v^2 > 2w^2 \tag{7}$$

が必要です(帯広市・浅田智子氏の注意)．

(7)を満たす(4)の解は無限にあり，$(u/l, v/l, w/l)$ が所要の答となります．ところが l が最小である解は($u < v < w$ として)

$$l = 112, \qquad u = 57, \qquad v = 65, \qquad w = 73 \tag{8}$$

です．しかも(8)が真に最小解であることが確かめられたのは，コンピュータによる検査により 1990 年とのことです．とうてい目の子算でみつかる値ではありません．

しかし(8)のように u, v, w が等差数列をなす解があると知れば，逆にそういう条件を課して(4)の特殊解をみつけることが手計算で可能です．西宮市・ぬるぽ氏がそのような考察をしています．

公差を d とし $u = v-d,\ w = v+d$ を(4)に代入すれば

$$u^2 + v^2 + w^2 = 3v^2 + 2d^2,$$

です．これから

$$u^4 + v^4 + w^4 - (u^2 w^2 + u^2 w^2 + v^2 w^2) = \frac{3(u^4 + v^4 + w^4) - (u^2 + v^2 + w^2)^2}{2}$$

$$= 12v^2 d^2 + d^4$$

です．(4)を l^2 の2次方程式と思って解くと，解は

$$l^2 = \frac{3v^2 + 2d^2 \pm \sqrt{9v^4 - 36v^2 d^2}}{2} \tag{9}$$

です．ここで $-\sqrt{}$ は小さい l を与え，(7)が不成立(点 P が △ABC の外部にくる)なので除外し $+\sqrt{}$ をとります．(9)の右辺が整数であるためにはまず

$$\sqrt{9v^4 - 36v^2 d^2} = 3v\sqrt{v^2 - (2d)^2}$$

が完全平方数でなければなりません．これは $v-2d = p^2, v+2d = q^2$ (ともに完全平方数)なら満足されますが，思いきって $v = d^2 + 1$ とすれば $\sqrt{v \pm 2d} = d \pm 1$ となります．このとき(9)から

$$l^2 = \frac{3(d^2 + 1)^2 + 2d^2 + 3(d^2 + 1)(d^2 - 1)}{2}$$

$$= d^2(3d^2 + 4) \tag{9'}$$

となり，$3d^2 + 4 = k^2$ (完全平方数)なら $l = dk$ と整数になります．これはペル方程式

$$x^2 - 3y^2 = 1 \tag{10}$$

の整数解

$$x_n + y_n \sqrt{3} = (2 + \sqrt{3})^2, \qquad n = 1, 2, \cdots$$

に対して $k = 2x_n,\ d = 2y_n$ とすれば無限に解が見つかります．実はそれが(10)のすべての解です．そしてこのような解は不等式(7)を満足します．最初の解 $x_2 = 7,\ y_2 = 4 (x_1 = 2, y_1 = 1$ は辺上の点を与える)から $d = 8,\ v = 65,\ l = 8 \times 14 = 112$ としたときが前述の解(8)です．その次の

$$x_3 = 26, \quad y_3 = 15 \, ;$$
$$x_4 = 97, \quad y_4 = 56$$

からはそれぞれ

$$d = 30, \quad v = 901, \quad u = 871, \quad w = 931, \quad l = 1560 \, ;$$
$$d = 112, \quad v = 12545, \quad u = 12433, \quad w = 12657, \quad l = 21728$$

を得ます.

　上記の考察により正三角形の内部にも無限に多くの全有理距離点が存在することがわかります（(10)の解が無限に多いから）. もちろんそれ以外の解も多数ありますが, 大半はコンピュータによる探索によらざるを得ません. 帯広市・浅田智子氏, 山口市・奈良岡悟氏, 福山市・山本哲也氏などの計算による $l < 1000$（約分して）の結果全体を下の表に示します.

l	112	147	185	273	283	331	331	403	485	520	559	592	637	645	691	965
u	57	73	43	97	127	111	171	95	152	147	296	255	247	323	285	469
v	65	88	147	185	168	221	195	312	343	377	315	343	405	392	464	589
w	73	95	152	208	205	280	219	343	387	437	361	473	485	407	469	624

　もっと大きな解まで多量の結果を寄せられた方もあり, 私自身も事前に杉並区科学館・渡辺芳行氏にお願いして多くのデータをいただきました. その探索の方法にも興味があり, 不等式(7)の吟味や可約な組の除去などの工夫も重要ですが紙数が尽きたので割愛します.

　一般的に特殊解を一つ見つけるのはそれほど難しくないはずですが, この場合には一般的な証明に関する初級問題の方がむしろ易しくなることに興味があった次第です.

大島邦夫

2 次元配列 (i, j), $i = 1, 2, \cdots$, $j = 1, 2, \cdots$ に次のような順番をつけます.

$(1, 1) = 1$,　　$(2, 1) = 2$,　　$(1, 2) = 3$,

$(3, 1) = 4$,　　$(2, 2) = 5$,　　$(1, 3) = 6$,

$(4, 1) = 7$,　　$(3, 2) = 8$,　　$(2, 3) = 9$,

$(1, 4) = 10$,　　……,　　$(i, j) = k$,

……,

(1) 第 k 番目を i と j を用いて表わしてください.

(2) (1)で用いた方法とは異なる方法を, ほかに 2 種類以上考えて, それぞれの方法で解を求めてください.

(3) (1)の方法も含めて一番エレガントである方法について, なぜそうであるかを記してください.

　解答をくださった方々の年齢別分布は次のとおりです. 10 代 2 名, 20 代 4 名, 30 代 4 名, 40 代 18 名, 50 代 12 名, 60 代 9 名, 70 代以上 8 名, 合計 57 名の方々から解答をいただきました. 全体を見ての最初の感想は, みなさんそれぞれに工夫なさっていて, 特に「エレガントさ」についてかなり強い自己主張があることを知り, 頼もしく思いました. 詳しい評価は解答を与えた後にすることにします.

　この問題を見たときに, 大学受験を経験した人ならば一度は類似の問題をやった記憶があり, 「何を今さらエレガント!」でもないだろうと思った人が少なからずいるのではないか, そのために投稿をやめてしまった人もいらっしゃるかもしれません. また問題の(2)で「異なる方法を 2 種類以上考えて」と書いてあるので, 最低, 3 種類の異なる方法を考えなくてはならず, つい面倒臭いと思って投稿をやめてしまった人もいらっしゃるでのはないかと推察しています. この「3 種類以上」を要求したのも, 解答者諸氏の苦しまぎれの最後の解答を見たかったからなのです. このことも, 折りにふれお話していこうと思っています.

　筆者が考えていた解答は, 大局的に見れば 3 種類の解答でした. 一つ目は一番素直な順序的発想をそのまま解答にしたもの. 具体的には, 何等かの数列的概念を用いたもの. 二つ目は, 順序的概念のこの問題を量的概念とみなして解答したもの. そして最後には, 順序的概念ならば当然出てきてよい推測的概念, つまりは, 数学的帰納法を用いたものの 3 種類ではないかと考えていたのです. 特に数学的帰納法は, あまりにも目の前にあり「灯台もと暗し」となるかも知れないと

思っていましたが，案の定この方法での解答はほとんどありませんでした．より詳しい内容については，解答を与えながら言及していきたいと思います．

　説明しやすく，読者も理解しやすい順に解答を与えて行くことにします．（この順がエレガントな解答かどうかはまた別のような気がしますが．）

(1)　順序を順序として解答する．ある意味，高校までの数学を学んだ者にとっては明快な方法です．
　与えられた配列を，$i+j$ の値により次のような群を作る．

$(1,1)$　　　　　　　　　　　　　　　　　　　　　　　……群 1

$(2,1),(1,2)$　　　　　　　　　　　　　　　　　　　　……群 2

$(3,1),(2,2),(1,3)$　　　　　　　　　　　　　　　　　……群 3

　　　……　　　　　　　　　　　　　　　　　　　　　　　　⋮

$(i+j-1,1),\ \cdots,\ (i,j),\ \cdots,\ (1,i+j-1)$　　　……群 $i+j-1$

　すると $k=(i,j)$ は，第 $(i+j-1)$ 群の j 番目であり，これは与えられた配列につけられた番号であるので

$$k=(i,j)=\{1+2+3+\cdots+(i+j-2)\}+j$$

となり

$$=\frac{1}{2}(i+j-2)(i+j-1)+j$$

となる．

　紙数の都合上，詳しい解答は省略しますが，このほかにも階差数列や漸化式など，何等かの数列的発想を用いた解答もありました．しかし，これらは発想として「順序を順序」として考えていることでは同類に含まれるのではないかと思います．

(2)　順序を量的な総数という概念でおきかえて解答を与えます．これは数列という概念を必要とせずに解答が得られます．また主旨を変えずに問題の文章を平易にすれば，小学生でも解答が得られる可能性があるかも知れません．
　与えられた配列を図 1（次ページ）のように座標上の格子点とみなし，その格子

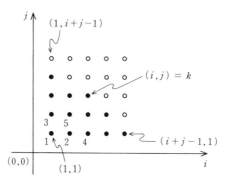

図1

点の総数を求めればよいことになる．つまり，4点

$$(1,1),\ (i+j-1,1),\ (i+j-1,i+j-1),\ (1,i+j-1)$$

で囲まれた正方形内の格子点の総数は $(i+j-1)^2$ である．次にこの正方形の対角線上の格子点の数を引き，その半分の個数に j 個を加えればよいことになる．

したがって

$$k = \frac{1}{2}\{(i+j-1)^2 - (i+j-1)\} + j$$

$$= \frac{1}{2}\{(i+j-1)(i+j-2)\} + j.$$

このように配列の各点と座標上の格子点を対応させて，この中で多種多様な図形を作り，その中の格子点の個数をかぞえる解答をくださった方々がたくさんおりました．しかし，その中で異口同音に，もっともエレガントだと推薦していたのが上記の正方形や，その半分の直角二等辺三角形を用いる解答でした．たしかに単純かつ明解であり，誰が見てもその解答を順に追って行けば，そのまま理解できる「すぐれもの」という印象を得ました．

(3) 順番を定めるような問題においては，一度

$$k = \frac{1}{2}\{(i+j-1)(i+j-2)\} + j$$

という公式を導き出した後には，確認作業が残っているのではないかと思います．

日本人は，この確認作業をすることが非常に苦手な民族です．それは，漢字という象形文字を使う農耕民族であるからではないかと常々考えています．象形文字は読んで字のごとく意味がわかり，おまけに定住型農耕民族は物を置き忘れても，多少手順が狂っても，翌日また同じ場所で比較的簡単にやり直しがききます．少し話がずれましたが，数学においても確認作業は重要な部分をしめています．そこでこの公式の確認作業としての確かめ算として数学的帰納法を用いることを，第3番目の解答にします．

帰納法の手順に従って，

$k = 1$ のときは，順番の定め方から $(1, 1) = 1$ である．

$k = n$ のとき，配列 (l, m) で命題が成立したとする．つまり

$$(l, m) = \frac{1}{2}\{(l+m-1)(l+m-2)\} + m$$

が成立する．

次に $k = n+1$ のとき，つまり一つ順番が進んだとき，この順番づけの定義より，$(l-1, m+1)$ と $(m+1, 1)$ の2通りが考えられる．

配列が $(l-1, m+1)$ の場合

$$(m-1, l+1) = \frac{1}{2}\{(l-1+m+1-1)(l-1+m+1-2)\} + m + 1$$

$$= \frac{1}{2}\{(l+m-1)(l+m-2)\} + m + 1$$

ここで帰納法の仮定より

$$n = \frac{1}{2}\{(l+m-1)(l+m-2)\} + m$$

であるので，$(m-1, l+1) = n+1$．

また配列が $(m+1, 1)$ の場合はその1つ前の配列の順は，この順番の定義より $(l, m) = (1, m)$ である．よって，帰納法 n の仮定の式は

$$(1, m) = \frac{1}{2}\{(1+m-1)(1+m-2)\} + m = \frac{1}{2}m(m+1) = n$$

となる．

この場合の帰納法の示すべき式は

$$(m+1, 1) = \frac{1}{2}\{(m+1+1-1)(m+1+1-2)\} + 1 = \frac{1}{2}(m+1)m + 1.$$

したがって，$(m+1, 1) = n+1$ となる．これにより

$$k = \frac{1}{2}\{(i+j-1)(i+j-2)\}+j$$

という命題が真であることが示された．

　これ以外の3番目の解として，組合せの問題に帰着させて解答をくださった宇和島市のカッパーさん，神戸市の寺崎定臣さん，柏原市の名倉嘉尊さんがおられました．

　この問題は，配列の中の i と j の値の変化から，有理数（分数表現）は自然数と同じ可算無限の集合であることを証明しています．またこの方法を帰納的に用いれば，可算無限集合の k 個の直積もまた可算無限集合であることを示しています．

　各種の解答の中で，今回エレガントな解答は2番目の解答であろうと思います．その理由は，やはり単純で明快なことの一点につきると思います．1番目の数列を用いる解答は，それなりのバックグランドを持った人には説明できますが，そうでない人には困難をともないます．同様のことは，3番目の解答にも言えることです．これ以上に3番目の解答，特に帰納法はその問題の中味を見ることが，しばしば困難な場合が多いのです．結果として，2番目の解答がエレガントであり，その解答をくださった方々は41名でした．

　最後になりますが，山口県の奈良岡悟さんは，エレガントな解答を得る方法は何かという長文のコメントを添付してくださいました．過去の問題を顧ながらいろいろな角度から，過去において諸先生の「エレガント」に対する考え方を知ることができました．ありがとうございます．

エレガントな問題？

竹内郁雄

寝ぼけた問題児

　私はこのところ毎年1回は「エレガントな解答をもとむ」に出題をしています．読者の方には竹内の問題は「変な問題が多い」と言われているそうです．これは誉め言葉とも貶し言葉とも取れますが，事実としては私も同感です．つまり，作った本人も「変な問題が多い」と思っています．

　純粋に数学っぽい問題がないのは，私の素性からしてやむを得ません．出そうとしても出せないのです．そもそも出題依頼を受けてからしか考えませんし，それもあまり時間をかけません．あ，締切が近づいていると感じたある朝の寝覚めに，ふと思いつくことがよくあります．寝ぼけ状態なので，まともな解法に至るわけがありません．でも，多分解けるだろうな，ま，こんな解法で多分いいかなとかいう程度です．寝ぼけ状態なので，難しい数式が出てくることは一切ありません．寝ぼけた状態で思いついた問題が「変でない」わけがないですね．

　実は，私は昔から自分を「問題児」だと自認しています．これは文字どおり（？）「問題を解決するより，問題を生み出すタイプ」という意味です．そう，問題は一瞬のひらめき，あるいは寝覚めの寝ぼけで作ることができますが，問題を解くのは時間がかかるし，頭や紙と鉛筆を消費します．

　私がコンピュータ関係の教員をしていたころは，コンピュータ科学やプログラミングの試験問題をよく作っていました．しかし，このときは，必ずきちんとした解答を用意しなければなりません．試験なのだから当然です．ところが，怒らないでいただきたいのですが，「エレガントな解答をもとむ」の場合は，完全な解答を用意する必要は必ずしもありません．そういうわけで，私の過去の問題では，常連のζ氏をはじめとする読者の素晴らしい解答に驚かされることがしばしば

ありました.

　最もすごかったのは，2012 年 9 月号に出題した，一発で塗りつぶし円を描ける筆で，その円の直径と同じ幅の不適切な長方形を検閲官が最短一筆書きで塗りつぶすという問題でしょう．これは，当時エジプト長期滞在中に寝ぼけながら思いついた問題で，その時点で常識的に思いつく解(つまり，長方形の長さだけ筆を一直線に動かすという解)より短いものがあったので，ま，いいかと思って出題しました．しかし，奈良岡悟氏がとんでもない解答を寄せてくれました．奈良岡氏によれば 1 か月間奮闘したとのことです．寝ぼけていた私としては申しわけないの言葉しかありません．コラムの最後にその図だけを掲載しました(111 ページ).不適切な長方形の左端での，円を塗りつぶせる筆(灰色のハッチ)の不思議な動きを鑑賞していただければと思います.

　上の一筆書き塗りつぶし問題の大きな特徴は，奈良岡氏の驚異的な解答をもって最適解だと，いまのところ誰も証明できないことです．私が作った問題のいくつかは，どうも解空間が広すぎて(オープンすぎて)，解く人にとっては摑みどころがないようです.

　超オープンな問題の一例は「23 個の点を最もエレガントに配置してください」という問題です(1993 年 10 月号出題)．そもそも「最もエレガント」は数学の概念ではありません．まさに無茶苦茶な問題としか言いようがないのですが，驚いたことに，高校の先生がこれを授業で取り上げてくださり，生徒たちの解答を送っていただいたことです．なんだかとても楽しい授業風景が想像できて，とても嬉しかった記憶があります.

　23 という数は，ルディ・ラッカー(Rudy Rucker)の『思考の道具箱』(金子務監訳, 工作舎)に，彼が 100 までの数について彼なりの配置を書いたのに，どうしてもうまい配置が思いつかないと白状して何も書かなかった数です．この本の書評をしたときに，ふむふむ，これは美味しいと思って出題したのですが，このときは私なりの解答を一応用意する良心はありました.

情報がないことが情報になる

　いくら寝ぼけて思いついているといっても，まったくゼロからの問題作りばか

りではありません．上の 23 点問題と同様，どこかで先人の知恵を拝借しています．2021 年 8 月号の金持ちと 2 人の数学愛好家の問題は，リー・サローズ（Lee Sallows）という（多分アマチュアの）パズルの才人の長い論文風エッセイ，いやエッセイ風論文の最後に書かれていた彼のオリジナルの問題のアイデアを借りました．

　この問題が典型例なのですが，情報がないことが情報になるという問題が私の好みです．よく紹介されるのは，遊び場から帰った子供たちの額の泥を当てる問題でしょう．その類で最も難しいのがハンス・フロイデンタール（Hans Freudenthal）の P 氏（2 数の積を知っている人）と S 氏（2 数の和を知っている人）がお互いが解けるかどうかだけの電話会話でその 2 数を当てることができたなら，その 2 数は何かという問題です．難しいのは，真理値（いわば，泥がついているかいないかの 2 値）ではなく，数値が絡んだ問題だからです．サローズはこの問題の構造を詳細に議論して，電話会話が行われるまでにかかった時間が長いことが本質だと喝破し，彼オリジナルの問題の発想に至ったようです．

　フロイデンタールの問題は，あまりにも情報がないのだから解けっこないということで「不可能問題」と呼ばれ，1979 年末にマーティン・ガードナー（Martin Gardner）によって *Scientific American* で紹介されてから（邦訳は『日経サイエンス』1980 年 2 月号）全世界の数学パズル愛好家に知られることになりました．ただし，ガードナーがちょっと違う形で問題を紹介したために，文字どおり解けない不可能問題になってしまいました．実は，サローズは交信のタイミングを考慮すればガードナーの出題の形でも解けるという議論をしています．情報がないことをきちんと情報として扱うことは意外に難しいようです．

　それにしても，「考えるのに時間がかかった」という事実を，数学の対象とするのは結構厄介なことのように感じます．もちろん漸近的近似を扱う数値計算の分野では重要なのですが，一般の論理の問題としてはどうなのでしょう？ 私が知らないだけで，もうそういう研究分野があるのかもしれませんが，不勉強なので分かりません．

　そういえば，以前，IT 防災の研究を行っていたときに「災害が発生したとき，現地から情報がないことが，その場所の被害が甚大だという情報になる」ということを教わりました．

解答篇

3人の賢者の問題と1人の愚者

　このセレクションを作成するにあたって，編集部から私に過去の2つの問題が収録候補として提示されました．採択しなかったほうの「3人の賢者の問題」は2014年9月号に出題し，その解答に私のとんでもない思い違いがあり，リベンジで2019年8月号にも出題したといういわくつきの問題です．

　「3人の賢者の問題」の詳しい紹介はしませんが，論理推論に長けた3人の賢者が，1からNまでの数値カードのうち1枚引いて，中間の値のカードを引いたかどうかを，自分の左隣の賢者のカードと自分のカードだけを知っている状態で，右周りに順番に発言してきます．賢者たちの「勝負については何も分からない」という発言の連続のあと，あるところである賢者が「分かった！」と答えられたという変な問題です．

　これも，賢者たちが「分からない」と答えること，つまり，一見情報がないという情報の連続が求解に至るところがミソです．それにしても，出題した本人が思い違いをしたまま解答を書いてしまうというのは，まさに怪奇現象です．「3人の賢者の問題」を考えた私が寝ぼけたままの愚者だったというオチです．

　しかし，リベンジの結果，この問題の解に，なんとあのフィボナッチ数列が潜んでいることが分かり，予想外に奥深いことが分かりました．この問題，やはり寝ぼけ状態で思いついたと記憶しています．目が覚めている状態では思いつかない類の問題だと思います．

　とはいえ，3人のうち中間の値が勝ちという不思議なルールの原点は，ダグラス・ホフスタッター（Douglas Hofstadter）の *Metamagical Themas*（Basic Books, 邦訳『メタマジック・ゲーム』（竹内郁雄，斉藤康己，片桐恭弘訳，白揚社），ちなみにこのタイトルはガードナーの「Mathematical Games」のアナグラム）の中で紹介した，3人の欧州列車旅の退屈しのぎの遊びとして思いついたというエピソードにあります．こういうのが，夢の中で蓄積されるのでしょうか．たしかに，3人で楽しめるゲームの設計は難しいと思います．2人が結託すると残る1人が不利になることが避けられないからです．

　しかし，ホフスタッターのアイデアをベースにした「最中限」という3人で遊べるトランプゲームを設計して紹介したところ，多くのゲーム好きにかなり受け

ました．2人が結託しにくいのが特徴です（末尾にルールを紹介しておきます）．「最中限」を実際に遊ぶのも面白いですが，コンピュータで「最中限」を競技するプログラムを作成した研究者もいます．「3人の賢者の問題」はまさに「最中限」から寝ぼけ状態で生まれた問題でした．

そういえば，問題児でありつつ，私はよく新しいゲームも作りました．「ゲームっ児」といってもいいかもしれませんが，実は自分で作ったゲームにすぐ勝てなくなるという特技も持っています．故野下浩平先生から「竹内君は面白いゲームを作るのがうまいけど，そのゲームには結局勝てないのよねぇ」とよく揶揄されました．

実際，私は問題を解くのも苦手です．しかし，答えを見るのがいやなので，本を読んでいてもその先に進めなくなることが頻発します．『100人の囚人と1個の電球』（ハンス・ファン・ディトマーシュ，バーテルド・クーイ著，川辺治之訳，日本評論社）の中の同名の問題が解けなくて，いまのところそのままドン詰まっています．まさに「問題児」の面目躍如です．

「二と三」は難しい

だらだらと思いつくままに過去の出題を振り返ってきましたが，その中で気がついたことがあります．それは「二と三」に多くの難しい問題のタネがあるということです．位相数学でも難しいのは2次元と3次元だという説があるようです．それは人間が2次元と3次元にしか直感力が働かない，だから7次元にしかない興味深い問題を思いつくことができないから，という説もあるようです．

それはともかく，2と3には因縁的なパワーがあると思います．例のコラッツ（Collatz）の $3n+1$ 問題も2と3が重要な意味を持ちます．ほかの数で似たようなものがないか，プログラムを書いて探したことがありますが，簡単には見つかりませんでした．

あちこちで何度も紹介しましたが，「二と三」に関する私の最大のヒットは野崎昭弘先生によって「竹内関数」と命名された次の関数です．オリジナルは3つの整数を引数とする関数なのですが，3つの実数でも同じ簡単な式に変形できます．どこが「二と三」かというと，2重再帰の3引数という，やや無理矢理な理屈です．

$$t(x, y, z) \equiv \textbf{if } x \leqq y \textbf{ then } y$$
$$\textbf{else } t(t(x-1, y, z), t(y-1, z, x), t(z-1, x, y))$$

これは大昔「エレガントな解答をもとむ」に出題したことがあります．そのとき，一松信先生から京都大学大学院の入学試験に出題されたことを教えていただきました．これを出されたら，私はすぐには解けなかったと思います．受験生に同情します．この関数，プログラミング理論の教科書にはもう定番になりそうな勢いですが，この関数を思いついたのは，1974年の，起きてから3時間ほどしたある晴れた午前のことでした．思いついた時間より，解くための時間のほうがはるかに長いと思います．

思いついたのは，私が大好きな，カッコだらけのプログラミング言語 Lisp に有利なベンチマーク（プログラミング言語の性能を測定するための短いプログラム）を作ろうという，不純な動機でした．不純な動機もたまには役立ちます．

念のため，竹内関数は以下の超簡単な関数と同値です．しかし，もとの定義のままでプログラムを実行すると，例えば $t(20, 10, 0)$ などは，小さな値なのにとんでもなく時間がかかります．

$$t_0(x, y, z) \equiv \begin{cases} y & (x \leqq y) \\ x & (x > y > z) \\ z & (x > y \leqq z) \end{cases}$$

上に紹介した「3人の賢者の問題」も3人の賢者がそれぞれ2人の賢者のカードの数を知っているので，とりあえず「二と三」の範疇です．有名なジョン・ホートン・コンウェイ（John Horton Conway）のライフゲームでも2と3が重要な意味を持ちます．

こうなると「二と三」を究めたくなります．とある「合宿の間に何かを解く，あるいは完成する」という奇妙なシンポジウム（会場は下呂温泉）に向かう電車の中，目的地まであと20分ぐらいのところで以下の問題を思いつきました．まさに「二と三」です．

0から出発して，

(1) 2を足す
(2) 3を足す

（3）2 倍する

（4）3 倍する

という演算を適当に選んで繰り返し，与えられた 2 以上の整数を最短手数で生成しなさい．

　これはプログラムで調べるのが簡単なので，シンポジウムの間，何人かの参加者で徹底的に調べられてしまい，n を作る最短手数が「n の下呂数」と命名されてしまいました．問題を出した私は別の積年の問題を解くプログラムに熱中しておりました．まさに「竹内君は面白いゲームを作るのがうまいけど，そのゲームには勝てないのよねぇ」でした．

カッコのつけ方で…

　さて，本書に採択された問題は，カッコのつけ方で数式の意味が変わるという当り前のことを問題にしたものです．上で紹介したように，私はカッコだらけのプログラミング言語 Lisp がもはや終生の伴になっています．カッコが嫌いな人のほうが圧倒的に多いのですが，「カッコ？　そんなものがあったかの？　ないと困るが，あっても気にならない空気のようなものぢゃ」と，まるで仙人のような境地に達しています．つまり，カッコは曖昧さをなくすために必須なのだけれども，空気のように自然なものだから，ほとんど意識に上らないというわけです．

　それを逆手に取ったのが採択された問題です．まさに中学生，いや小学生にでも解ける問題なのですが，ここでも私の想像を超える解答が寄せられました．詳しくは本文をご覧ください．

さて，エレガントな問題とは？

　私はすでに後期高齢者になりましたが，いまだにプログラムを書くのが大好きです．問題を思いついたとき，プログラムで確認することがよくあります．しかし，コンピュータのパワーを使って解いた問題をそのまま出題するのは明らかに反則です．紙と鉛筆で解ける形にするのも重要な手筋です．2022 年 8 月号の出

題もその類です.

コンピュータを使わないと解けない問題はどう見ても「エレガントな問題」ではなさそうですが, コンピュータを使ってやっと解けた有名な「4色問題」は問題自体はとても分かりすいので,「エレガントな問題」と言っていいのではないかと思います.

そういえば, 大昔に「サッカーのゴールポストは角柱と円柱ではどちらがシュートが入りやすいか」という妙な問題を出したことがありました. 筆算でもできるかもしれませんが, これはさすがにコンピュータを回してシミュレーションしないと大変です. 問題自体は分かりやすくても, これはさすがに「エレガントな問題」とは言えないでしょう.

要するに「エレガントな問題」は何か? とは, 未解決の問題のような気がします.

[付録] 最中限のルール

トランプのカードを1組(52枚)用意します.

カードは, ♠K > ♡K > ◇K > ♣K > ♠Q > … > ♡A > ◇A > ♣A, というふうに, 52枚すべてに順序がつき, 引き分けはありません. カードの点は数字札はそのまま, K = 13, Q = 12, J = 11, A = 1 と計算します.

ゲームは以下のように進行します.

(1) 3人に手札として裏向けに17枚配ります.

(2) 残った1枚は捨て札として裏向きにしたまま場から除きます. 次のゲームのときに復活させることを忘れないように.

(3) ターンの勝負は, 3人が裏向けに1枚ずつ出し, それを表にして比較することです. 出札の中位を出した人が勝ちます. このとき, 勝者は自分の出したカードを表にしたままにし, 敗者は裏に返して自分の前に置いておきます.

(4) ターンを3回繰り返したものをラウンドと呼びます. ここで次のレベルに上がります. ラウンドでは, その3ターンで得た得点総計が中位の者

が勝ちます．同点の場合は同点者がいずれも勝者となります．このとき
スーツは関係ありません．勝者はその得点総計を得，それらのカードを
表にしたままにします．敗者はそのターンで表になっていたカードをす
べて裏にします．

(5) ラウンドを5回繰り返したものがゲームとなります．ここでもラウンド
と同じ勝負判定になります．すなわち，ゲームでは，その5ラウンドで
得た得点総計が中位の者が勝ちます．同点の場合は同点者がいずれもゲ
ームの勝者となります．勝者はその得点総計を得ます．

こうして，全部で15ターンを行ったところでゲームは終了します．ゲーム終
了後，各人の手札に2枚の未使用カードが残ります．

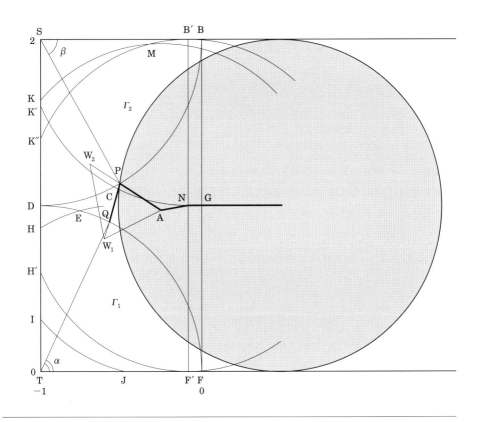

12 斎藤新悟

n を正の整数とする. 相異なる n 個の正の整数からなる集合 X が,

A,B が X の部分集合で $\sum_{x \in A} x = \sum_{x \in B} x$ ならば $A = B$

という条件を満たしつつ動くとき,

$$\sum_{x \in X} \frac{1}{x}$$

の最大値を求めよ.

ただし, 有限集合 S に対して, $\sum_{x \in S}$ は x が S のすべての元を動くときの和を表しており, S が空集合のときはこの和は 0 であると考える.

応募者は 10 代 3 名, 20 代 1 名, 30 代 6 名, 40 代 4 名, 50 代 15 名, 60 代 17 名, 70 代 7 名, 80 代 1 名, 90 代 1 名の計 55 名で, そのうち正解者は 7 名でした.

まず, 何名かの方から「問題の意味がよく分からなかった」というコメントをいただきました. 十分に伝わる表現でなかったことをお詫びします. 写像の言葉を用いると, 問題の条件は, X のべき集合から 0 以上の整数全体の集合への写像 $A \mapsto \sum_{x \in A} x$ が単射であるということです. また, 条件の対偶

A,B が X の部分集合で $A \neq B$ ならば $\sum_{x \in A} x \neq \sum_{x \in B} x$

の方が分かりやすいというご意見もいただきました.

以下では, 相異なる n 個の正の整数からなる集合で, 問題の条件を満たすものを, 大きさ n の**良い集合**と呼ぶことにします.

さて, 求める最大値は $2 - \frac{1}{2^{n-1}}$ です. 整数の 2 進法での表示を考えると集合 $X = \{1, 2, \cdots, 2^{n-1}\}$ が大きさ n の良い集合であることが分かり,

$$\sum_{x \in X} \frac{1}{x} = \frac{1}{1} + \frac{1}{2} + \cdots + \frac{1}{2^{n-1}} = 2 - \frac{1}{2^{n-1}}$$

となります. このことはほとんどの方が指摘していました. したがって, 証明すべきなのは次の定理です:

定理 X が大きさ n の良い集合ならば,

$$\sum_{x \in X} \frac{1}{x} \leq 2 - \frac{1}{2^{n-1}}$$

が成立する.

残念ながら,この定理の証明が十分になされているとみなせる答案はごくわずかでした.みなさんの中にも,正しい解答を送ったはずなのに正解者に含まれていないと思われる方もいらっしゃるかもしれません.その理由を2つ説明します.

まず,$X = \{3, 5, 6, 7\}$ は大きさ 4 の良い集合ですが,X の最大の元 7 は 2^3 未満です.したがって,多くの答案で「証明」されていた次の主張は誤りです:

主張(偽) $X = \{x_1, \cdots, x_n\}\,(x_1 < \cdots < x_n)$ を大きさ n の良い集合とすると,$x_n \geq 2^{n-1}$ が成立する.

次に,今の例 $X = \{3, 5, 6, 7\}$ と

$$f(x) = \begin{cases} 1 & (x \leq 7) \\ 0 & (x \geq 8) \end{cases}$$

で定義される単調減少関数 $f \colon \mathbb{N} \to \mathbb{R}$ を考えると,

$$f(3) + f(5) + f(6) + f(7) > f(1) + f(2) + f(4) + f(8)$$

が成立します.したがって,次の主張も誤りです:

主張(偽) X を大きさ n の良い集合とし,$f \colon \mathbb{N} \to \mathbb{R}$ を単調減少関数とすると,

$$\sum_{x \in X} f(x) \leq \sum_{k=1}^{n} f(2^{k-1})$$

が成立する.

このことから,定理を証明するには,写像 $x \mapsto \dfrac{1}{x}$ の性質として単調減少性以外の性質も使う必要があることが分かります.

これらのことを鑑みると,多くの答案は定理の証明が不十分であるといわざるを得ませんでした.

それでは,定理の正確な証明を見ていきましょう.$X = \{x_1, \cdots, x_n\}\,(x_1 < \cdots$

$< x_n)$ を大きさ n の良い集合とします.

定理の証明1：式変形による証明

　まずは私の方で用意していた証明です．この方針で証明していた答案はありませんでしたが，気が付けば式変形だけでできる証明です．

補題　$k = 1, \cdots, n$ に対して，
$$x_1 + \cdots + x_k \geqq 2^k - 1$$
が成立する.

補題の証明　$\{x_1, \cdots, x_k\}$ の部分集合の元の和は相異なる 0 以上の整数であり，$x_1 + \cdots + x_k$ はその中で最大である．$\{x_1, \cdots, x_k\}$ の部分集合は 2^k 個あるので，
$$x_1 + \cdots + x_k \geqq 2^k - 1$$
が成立する.

　それでは補題を用いて定理を証明しましょう．$k = 0, \cdots, n$ に対して
$$y_k = (x_1 - 1) + \cdots + (x_k - 2^{k-1})$$
$$= (x_1 + \cdots + x_k) - (2^k - 1) \geqq 0$$
とおく $(y_0 = 0)$ と，

$$
\begin{aligned}
\left(2 - \frac{1}{2^{n-1}}\right) - \sum_{x \in X} \frac{1}{x} &= \sum_{k=1}^{n} \left(\frac{1}{2^{k-1}} - \frac{1}{x_k}\right) \\
&= \sum_{k=1}^{n} \frac{x_k - 2^{k-1}}{2^{k-1} x_k} \\
&= \sum_{k=1}^{n} \frac{y_k - y_{k-1}}{2^{k-1} x_k} \\
&= \sum_{k=1}^{n} \frac{y_k}{2^{k-1} x_k} - \sum_{k=1}^{n} \frac{y_{k-1}}{2^{k-1} x_k} \\
&= \sum_{k=1}^{n} \frac{y_k}{2^{k-1} x_k} - \sum_{k=1}^{n-1} \frac{y_k}{2^{k} x_{k+1}} \qquad (y_0 = 0) \\
&= \sum_{k=1}^{n-1} \left(\frac{y_k}{2^{k-1} x_k} - \frac{y_k}{2^{k} x_{k+1}}\right) + \frac{y_n}{2^{n-1} x_n}
\end{aligned}
$$

$$= \sum_{k=1}^{n-1} \frac{y_k(2x_{k+1}-x_k)}{2^k x_k x_{k+1}} + \frac{y_n}{2^{n-1}x_n}$$

$$\geqq 0$$

が得られます.

定理の証明2：X を変形していく証明

　X を変形していき，$\sum_{x \in X} \dfrac{1}{x}$ を増加させつつ $\{1, 2, \cdots, 2^{n-1}\}$ に到達するという方針の答案はいくつかありましたが，良い集合の範疇で変形しようとしてもなかなかうまくいきません．ここでは大津市・栗原悠太郎さんの解答を参考にして，定理の証明1に現れる補題を満たすような集合の範疇で変形していく証明を紹介します.

　相異なる n 個の正の整数からなる集合 $Y = \{y_1, \cdots, y_n\}$ ($y_1 < \cdots < y_n$) が，任意の $k = 1, \cdots, n$ に対して $y_1 + \cdots + y_k \geqq 2^k - 1$ を満たすとき，Y は**妥当**であるということにします．定理の証明1の補題より，X は妥当な集合です.

　$Y = X$ から始めて，妥当な集合の範疇で，Y の元の和が減少するか不変であるように，また元の逆数の和が増加するように，Y を変形していきます.

　もし任意の $k = 1, \cdots, n$ に対して $y_1 + \cdots + y_k = 2^k - 1$ が成立するならば，すなわち $Y = \{1, 2, \cdots, 2^{n-1}\}$ ならば，変形はこれ以上行いません．そこで，$y_1 + \cdots + y_k > 2^k - 1$ を満たす $k = 1, \cdots, n$ が存在するような場合を考え，そのような最小の k を k_1 と書きます.

(i) 任意の $k = k_1 + 1, \cdots, n$ に対して $y_1 + \cdots + y_k > 2^k - 1$ が成立するときは，Y を $Y' = \{y_1, \cdots, y_{k_1-1}, y_{k_1}-1, y_{k_1+1}, \cdots, y_n\}$ に変形します．これについていくつか確認します.

　まず，Y' が相異なる n 個の正の整数からなる集合であることを確認します．自明でないのは，$k_1 = 1$ のとき $y_{k_1}-1 > 0$ であること，および $k_1 \geqq 2$ のとき $y_{k_1}-1 > y_{k_1-1}$ であることです．$k_1 = 1$ のときは，$y_{k_1} = y_1 > 2^1 - 1 = 1$ なので，たしかに $y_{k_1}-1 > 0$ です．$k_1 \geqq 2$ のときは，k_1 の定義より，$(y_1, \cdots, y_{k_1-1}) = (1, \cdots, 2^{k_1-2})$ かつ $y_1 + \cdots + y_{k_1-1} + y_{k_1} > 2^{k_1} - 1$ なので，

$$y_{k_1} > (2^{k_1}-1) - (y_1 + \cdots + y_{k_1-1})$$

$$= (2^{k_1}-1)-(2^{k_1-1}-1) = 2^{k_1-1}$$

となり，たしかに $y_{k_1}-1 > 2^{k_1-1}-1 \geqq 2^{k_1-2} = y_{k_1-1}$ であることが分かります.

k_1 の定義より Y' はたしかに妥当な集合になります．また，Y' の元の和は Y の元の和より小さいこと，および Y' の元の逆数の和は Y の元の逆数の和より大きいことは明らかです.

(ii) $y_1+\cdots+y_k = 2^k-1$ を満たす $k = k_1+1, \cdots, n$ が存在するときはそのような最小の k を k_2 と書き，Y を $Y' = \{y_1, \cdots, y_{k_1-1}, y_{k_1}-1, y_{k_1+1}, \cdots, y_{k_2-1}, y_{k_2}+1, y_{k_2+1}, \cdots, y_n\}$ に変形します．これについていくつか確認します.

まず，Y' が相異なる n 個の正の整数からなる集合であることを確認します．$k_1 = 1$ のとき $y_{k_1}-1 > 0$ であること，および $k_1 \geqq 2$ のとき $y_{k_1}-1 > y_{k_1-1}$ であることは(i)と同様なので省略します．あと確認すべきことは，$y_{k_2}+1 < y_{k_2+1}$ であることです．k_2 の定義より $y_1+\cdots+y_{k_2} = 2^{k_2}-1$ であり，$y_1+\cdots+y_{k_2}+y_{k_2+1} \geqq 2^{k_2+1}-1$ なので

$$
\begin{aligned}
y_{k_2+1} &\geqq (2^{k_2+1}-1)-(y_1+\cdots+y_{k_2}) \\
&= (2^{k_2+1}-1)-(2^{k_2}-1) \\
&= 2^{k_2} \\
&= y_1+\cdots+y_{k_2}+1 \\
&\geqq y_{k_1}+y_{k_2}+1 \\
&\geqq y_{k_2}+2
\end{aligned}
$$

なのでたしかに $y_{k_2}+1 < y_{k_2+1}$ であることが分かります.

k_1, k_2 の定義より Y' はたしかに妥当な集合になります．Y' の元の和は明らかに Y の元の和と等しくなります．さらに，$k_1 < k_2$ より $y_{k_1} < y_{k_2}$ なので

$$\left(\frac{1}{y_{k_1}-1}+\frac{1}{y_{k_2}+1}\right)-\left(\frac{1}{y_{k_1}}+\frac{1}{y_{k_2}}\right) = \frac{1}{(y_{k_1}-1)y_{k_1}}-\frac{1}{y_{k_2}(y_{k_2}+1)} > 0$$

となり，Y' の元の逆数の和は Y の元の逆数の和より大きくなります.

$Y = X$ から始めて上記の(i)または(ii)の変形を続けると，元の和は減少するか不変であり，元の逆数の和は増加することから同じ集合が二度現れることもなく，どこかで必ず停止し，集合 $\{1, 2, \cdots, 2^{n-1}\}$ に到達します．変形の過程で元の逆数

116

の和は必ず増加していたので，定理が成立することが分かります．

この証明の良い点は，どこで関数 $x \mapsto \dfrac{1}{x}$ の性質を用いているかが明確なことであり，一般に単調減少関数 $f: \mathbb{N} \to \mathbb{R}$ が

$$f(1) - f(2) > f(2) - f(3) > f(3) - f(4) > \cdots$$

を満たすならば，

$$\sum_{x \in X} f(x) \leqq \sum_{k=1}^{n} f(2^{k-1})$$

が成立することが分かります．

定理の証明3：積分を用いた証明

横浜市・山本高行さんは積分を用いた解答を送ってくださいました．これは私がまったく想定していなかった証明で，非常に驚きました．ここでは，山本高行さんの解答を参考にした証明を紹介します．

$0 \leqq t < 1$ とします．積 $\displaystyle\prod_{x \in X}(1 + t^x)$ を展開すると，A が X の部分集合全体をわたるときの $t^{\sum_{x \in A} x}$ の和となります．ここで，X は良い集合なので，異なる A に対する $\displaystyle\sum_{x \in A} x$ は異なります．よって，$t^0 \geqq t^1 \geqq t^2 \geqq \cdots$ に注意すると，

$$\begin{aligned}
\prod_{x \in X}(1 + t^x) &= \sum_{A \subset X} t^{\sum_{x \in A} x} \\
&\leqq t^0 + t^1 + \cdots + t^{2^n - 1} \\
&= \frac{1 - t^{2^n}}{1 - t}
\end{aligned}$$

が得られます（0^0 は 1 と解釈します）．

これより

$$\int_0^1 \frac{1}{t} \log \prod_{x \in X}(1 + t^x) dt \leqq \int_0^1 \frac{1}{t} \log \frac{1 - t^{2^n}}{1 - t} dt$$

が成立します．ここで，

$$I_+ = \int_0^1 \frac{\log(1+t)}{t} dt, \qquad I_- = \int_0^1 \frac{\log(1-t)}{t} dt$$

とおくと，

$$（左辺） = \sum_{x \in X} \int_0^1 \frac{\log(1+t^x)}{t} dt$$

$$= \sum_{x \in X} \frac{1}{x} \int_0^1 \frac{\log(1+s)}{s} ds \qquad (t^x = s)$$

$$= I_+ \sum_{x \in X} \frac{1}{x},$$

$$（右辺） = \int_0^1 \frac{\log(1-t^{2^n})}{t} dt - \int_0^1 \frac{\log(1-t)}{t} dt$$

$$= \frac{1}{2^n} \int_0^1 \frac{\log(1-s)}{s} ds - I_- \qquad (t^{2^n} = s)$$

$$= -\left(1 - \frac{1}{2^n}\right) I_-$$

となります. また,

$$I_+ + I_- = \int_0^1 \frac{\log(1-t^2)}{t} dt$$

$$= \frac{1}{2} \int_0^1 \frac{\log(1-s)}{s} du \qquad (t^2 = s)$$

$$= \frac{1}{2} I_-$$

より $I_- = -2I_+$ であることが分かります. 以上より

$$\sum_{x \in X} \frac{1}{x} \leqq 2\left(1 - \frac{1}{2^n}\right) = 2 - \frac{1}{2^{n-1}}$$

が示されました.

なお, 正確には I_+, I_- が収束することを証明する必要がありますが, $\lim_{t \to +0} \frac{\log(1+t)}{t} = 1$, $\lim_{t \to +0} \frac{\log(1-t)}{t} = -1$ なので収束することは明らかですし, 具体的にも

$$I_- = \int_0^1 \frac{\log(1-t)}{t} dt = -\int_0^1 \sum_{n=1}^{\infty} \frac{t^{n-1}}{n} dt$$

$$= -\sum_{n=1}^{\infty} \int_0^1 \frac{t^{n-1}}{n} dt = -\sum_{n=1}^{\infty} \frac{1}{n^2}$$

$$= -\zeta(2) = -\frac{\pi^2}{6}$$

と求めることができます（無限和と積分の交換も正当化できます）.

追記 「定理の証明3：積分を用いた証明」で紹介した証明は，

S. J. Benkoski and P. Erdös, *On weird and pseudoperfect numbers*, Math. Comp. **28** (1974), 617-623

という論文に記載があり，そこには "the simple and ingenious proof is due to C. Ryavec" と述べられています．

次の作業ができる定規を**原始定規**と呼ぼう.

- 任意の2点 A,B を結ぶ線分 AB を描く

原始定規はこれ以外のことはできないものとする.

これに対し,

- 任意の2点 A,B を結ぶ線分 AB および AB を好きなだけ延長した線分を描く

ことのできる定規を**マクロ定規**と呼ぼう.

しかし,マクロ定規といえど,A,B を通る(無限に長い)直線を描くことはできない.

また,次の作業ができるコンパスを**原始コンパス**と呼ぼう.

- 任意の点 A を中心とし,ほかの点 B を通る円を描く

原始コンパスはこれ以外のことはできない.

これに対し,

- 1点 A と線分 BC があるとき,コンパスを線分 BC にあてがって半径を決め,コンパスをそっと移動して A を中心に半径 BC の円を描く

ことのできるコンパスを**マクロコンパス**と呼ぼう.

原始定規と原始コンパスは一見不自由のように見えるが,じつは,

定理 原始定規と原始コンパスがあれば,マクロ定規,マクロコンパスと同じ作業ができる.

この定理を証明してください.

(番外編) 上の問題では物足りない人のためにプレゼント.原始コンパスだけを使って,次の作図をしてください.

- 2点 A,B が与えられたとき,AB の中点.
- 3点 A,B,C が与えられたとき,A を中心とする半径 BC の円.

解答者は 10 代 3 名,20 代 4 名,40 代 10 名,50 代 21 名,60 代 8 名,70 代 4 名,80 代 3 名,年齢不詳 1 名,合計 54 名であった.

うれしいことに**全員が正解**であった.こういうことも起こるだろうと思ったので番外編を設けたがこれにも多くの諸兄(33 名)が挑戦し,そのほとんどが正解であった.初見の問題でしかも自力で解いた解答が多く,大いに敬服した.その上,出題者が思いもしない素晴らしい解答があった.諸兄の熱意に応えて,いつもより時間をかけて解答を見させてもらった.

はじめに

　気軽に感想文を書いてください．皆さんから見て出題者は遠い存在のように思えるかもしれないが，僕は解答をお寄せくださる諸兄は親しい話相手だと思っている．

　この問題は諸兄に「**定規・コンパスの正しい使い方**」を考えてもらうために作った．「点Aと点Bを結ぶ線分を描け」という命令は明確である．だれが描いても同じ結果になる．ところが「線分ABを延長せよ」という命令は明確でない．線分をどこまで延ばすか，人により時により違った結果となる．一方コンパスは円を描くだけが目的の道具である．ところが「点Aを中心として線分BCに等しい半径の円を描く」場合，通常我々はコンパスに「円を描く」以外の仕事をさせている．コンパスに口があれば「労働契約違反だ」と言うだろう．

　とくに，ユークリッドの『原論』，ヒルベルトの『幾何学基礎論』，ハーツホーンの『幾何学』を読む人は，この問題を念頭に置いて読んでもらいたい．

　『原論』の第1章冒頭の命題1では正三角形の作図が取り上げられる．これは，原始定規と原始コンパスで作図できる．次の命題2は原始コンパスのマクロ機能を意識した作図法である．ところがそこで使っている定規は原始定規ではなく，なんとマクロ定規である．なぜだろうか．『原論』のこの段階（第1章の冒頭）では，幾何学はまだ始まったばかりで，正三角形を3つくっつけて線分ABが延長できる（1直線になる）という証明はまだしていないのである．また，「三角形の内角の和は180°」というのはずっとあとの話（命題32）になる．だから，ユークリッドはここでは泣く泣くマクロ定規を使うのである（本心は原始定規で決めたかった）．「正三角形を6つくっつけるとすきまができない」ということも命題2の段階ではまだ分からない（証明されていない）のである．

　ヒルベルトは「任意の線分ABの延長上には少なくとも1点Cがある」ことを「間の公理」の1つとして採用している．これによって線分ABは（ACに）少しだけ延長できる．これで原始定規は少しだけマクロ化できるといえよう．しかし，2倍に延ばせるという保証はない．2倍に延ばせるのはどの時点になるか念頭に置いて『幾何学基礎論』を読んでもらいたい．

　ヒルベルトは定規・コンパスにとらわれず（無視して）公理系を設定している．

他方で，幾何学ファンとしてはユークリッド流に定規・コンパスを使って幾何学を構築してほしいところである．

ハーツホーンの『幾何学』には定規とコンパスについてかなり詳しく書かれている（第 I 巻，22 ページ）が，反面，ハーツホーンは幾何学ファンの夢をかなえてくれただろうか．

さらに筆者のこだわりを申せば，直線は図形としては存在しない．直線を描く道具はないからである．幾何学では定規とコンパスで描けるものだけが存在するものである．直線は図形として存在するのではなく抽象的な概念（ことば）として存在するだけである．数学的に言い換えれば，直線とは「その上に横たわる線分のクラス（集合）」なのである．

ヒルベルトの公理論的幾何学では線分，直線，半直線はどれも平等に存在する．これらの存在には強弱，階級はない．しかし，筆者にとっては直線，半直線は方便である．

なお，出題文にある**マクロ**とはコンピュータ用語で「基本的な手順を多数組み合わせて一度に実行できるようにした機能」のことで，サブルーチン，副プログラムと呼ばれることもある．

以下では本題の解答は省略して番外編の解答に触れておこう．

番外編

点 A を中心とし点 B を通る円を

  円 A, B

と表すことにする．

コンパスだけの作図では線分は描けない．しかし，2 点 A, B があればそこに線分 AB はあると考えられるのでそれを**仮想線分** AB と呼ぼう．

対称点 A, B（4手）

点 A の点 B に関する対称点 E を作図する．図 1 の通り．

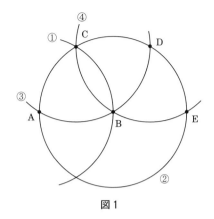

図 1

中点 A, B (7手)

仮想線分 AB の中点 M を作図する.

上の作図(4手)に引き続き, 円 E, A を描き, 円 A, B との交点を F, G とする.
円 F, A と円 G, A を描き, 2円の交点のうち A でない方を M とする(図 2).

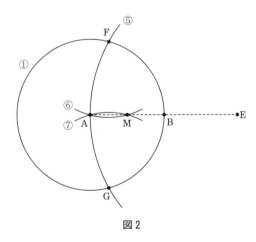

図 2

証明 $A(0, 0), B(1, 0)$ とすると, $E(2, 0)$ である.

円 A, B の方程式は

$$x^2+y^2 = 1, \qquad\qquad\qquad\qquad \cdots\cdots①$$

円 E, A の方程式は

$$(x-2)^2+y^2 = 4. \qquad\qquad\qquad\qquad \cdots\cdots②$$

　①から②を引くと，

$$4x-4 = 1-4$$

$$x = \frac{1}{4}.$$

　よって，2円の共通点 F, G は直線 $x = 1/4$ 上にある．

　2点 A, M は，この直線 $x = 1/4$ について線対称だから M$(1/2, 0)$.

　よって，M は AB の中点である．　　　　　　　　　　　　　　□

マクロ円 A, BC（12手）

　点 A を中心とし半径 BC の円を描くためには，以下のように作図する．

　　A, C の中点 M を描く（7手）．

　　点 B の M に関する対称点 D を描く（4手）．

　　円 A, D を描く（1手）．

以上が標準的な解である．ところが解答の中に，次のような作図法があった．

改良対称点 A, B（3手）

　（津山市・作陽高生，三鷹市・石川和弘，大仙市・千葉慎作，市川市・K. Tezuka の各氏）

　　円 A, B と円 B, A を描き，交点を C, D とする．

　　円 C, D と円 B, A の交点で D でない方を E とする．

　　点 E は点 A の B に関する対称点である．

　ここでは「円 C, D と円 D, C の交点」といわず，「円 C, D と円 B, A の交点」というところがニクいところである（図3）．

　これによって，仮想線分 AB の中点 M は6手で作図できる．

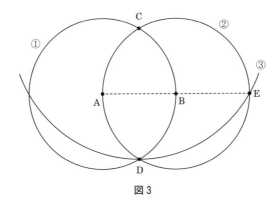

図3

改良マクロ円 A, BC（5手，回転利用）

（名古屋市・廣田正史，町田市・鈴木智秀，東京都・木戸晶一郎，日立市・高橋健吾の各氏）

　円 A, B と円 B, A の交点の1つを D とする.

　円 D, C と円 C, D の交点を E とする. ただし，D を中心とする $60°$ の回転で B を A に移すとき，C が E に移るように点 E を選ぶ.

　このとき，$AE = BC$ である（図4）.

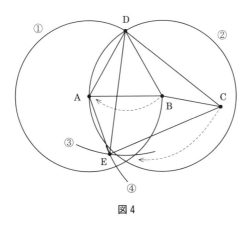

図4

　よって，円 A, E（1手）は A を中心とする半径 BC の円である.

改良マクロ円 A, BC（5手，線対称利用）

（横浜市・水谷一氏）

円 A, B と円 B, A の交点を D, E とし，円 D, C と円 E, C の交点で C でない方を C' とする（図 5）.

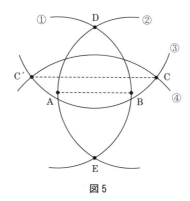

図 5

点 A と点 B，点 C と点 C' は直線 DE について線対称だから $AC' = BC$.

よって，円 A, C' が求める円である.

以上で問題の解説を終わる．コンパスだけの作図では線分の和の作図が難問である．最後にこれを書いておこう.

仮想線分の和 $a+b$（28手，条件：$\sqrt{3}a > b$）

長さ a の線分 AA' の延長上に長さ b の仮想線分 $A'D$ を描きたい.

これを達成するために，下図の 2 つの直角三角形を作図する（図 6）.

この図を作るには，3 つの長さ

$$\sqrt{4a^2-b^2}, \quad \sqrt{3a^2-b^2}, \quad \sqrt{3}a$$

を調達しなければならない.

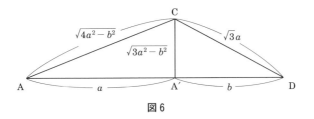

図 6

(1) AA' の中点を描く（6手）．作図の過程で図 7 の点が描かれている．

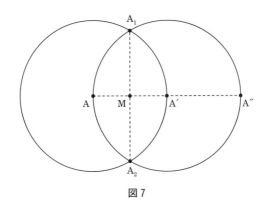

図 7

(2) 円 A', A（既存）とマクロ円 A'', b（5手）の交点の 1 つを C_1 とすると，
$AC_1 = \sqrt{4a^2 - b^2}$．（次ページ図8）

(3) 円 M, A_1（1手）とマクロ円 A_2, b（5手）の交点を C_2 とすると $A_1 C_2 = \sqrt{3a^2 - b^2}$．（次ページ図9）

(4) 以上で，必要な長さ

$$AC_1 = \sqrt{4a^2 - b^2}, \qquad A_1 C_2 = \sqrt{3a^2 - b^2}, \qquad A_1 A_2 = \sqrt{3}\,a$$

がそろった．

円 A, C_1（1手）とマクロ円 $A', A_1 C_2$（5手）の交点の 1 つを C とする．$AA' \perp$

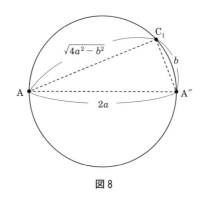

図 8

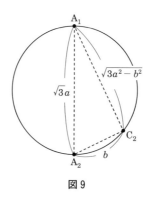

図 9

A′C である.

　マクロ円 $C, A_1 A_2$（5手）とマクロ円 A', C_1（既存）の交点を D とすると,

　　$A'D = b,$　　$A'C \perp A'D.$

　よって, A′D は AA′ の延長上にある長さ b の仮想線分である.

14 加納幹雄

出題者

若奥さんは友人から平らな長方形のチョコレートケーキをもらいました．彼女は子供2人と自分の3人でこのケーキを，スポンジ部分もチョコレートの部分も等しくなるように切り分けて食べたいと思っています．このような切り分けができることを示してください．なお，チョコレートは上面と側面に均一に塗られています．

これが次の問題と同値になることは容易にわかるでしょう．平面上の長方形を，内部の点AとAから出る3本の半直線で，次の条件を満たすように分けることです．なお，条件(iii)は彼女の追加要求です．

(i) 面積を3等分割し，
(ii) 外周を3等分割し，
(iii) 3つの部分の形が異なるようにする．

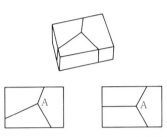

図1 ケーキの3等分割（上），長方形の3等分割（左下），条件(iii)を満たさない3等分割の例（右下）

応募者は53名で，年代別には10代2名，20代0名，30代7名，40代22名，50代14名，60代4名，70代4名でした．多数の応募ありがとうございます．

さて，解答は幾何的な証明と解析的な証明の2つがありましたが，幾何的な証明が予想以上に多かったことは，うれしいことです．まず，大阪市・あ，東京都・ζ，三島市・落合博，新潟県・大島冨士弥，多摩市・橋詰節子，草津市・中川榮一郎，和歌山市・二宮文雄の各方々によって得られた幾何的な証明を紹介します．

長方形を OPQR とし，辺 OR の長さを $3a$，辺 OP の長さを $3b$ とし，$0 < a \leqq b$ と仮定します．

長方形の外周を3等分割する3点 B, C, D を図2（次ページ）のように決めます．次に，DC と平行で ED = FC = a となるように辺 EF を引き，辺 EF と対角線 RP の交点を A と決めます．するとこの点 A と3点 B, C, D を結んだ3本の半直線は面積を3等分割し，同時に外周も3等分割しています．外周を3等分割していることは明らかなので，面積を3等分割することだけを証明します．

辺 RP と辺 BC は平行なので

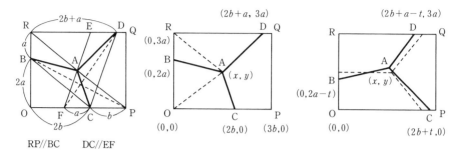

図2 $3a \times 3b$ の長方形の3等分割の例

4角形 ABOC の面積 $= \triangle \mathrm{BOP} = 3ab = \dfrac{\text{長方形の面積}}{3}$

となります.

また辺 EF と辺 DC は平行で,$\mathrm{DQ}+\mathrm{FP} = (b-a)+(a+b) = 2b$ より

5角形 ACPQD の面積 $=$ 台形 DFPQ の面積

$$= \frac{(\mathrm{DQ}+\mathrm{FP})(\mathrm{QP})}{2} = \frac{(2b)(3a)}{2} = 3ab$$

となり,これも(長方形の面積)/3 に等しくなります.したがって A から出る3本の半直線によって面積も3等分割されています.

解析的な証明としては,点 O を原点とし,$\mathrm{P}(3b,0), \mathrm{R}(0,3a)$ のように座標を導入し,点 $\mathrm{A} = (x,y)$ とおきます.すると

4角形 ABOC の面積 $= \triangle \mathrm{ABO}+\triangle \mathrm{AOC} = ax+by = 3ab,$

4角形 ADRB の面積 $= \triangle \mathrm{ADR}+\triangle \mathrm{ARB}$

$$= \frac{(2b+a)(3a-y)}{2}+\frac{ax}{2} = 3ab.$$

この連立方程式を解くと

$$x = \frac{6b^2}{a+3b}, \qquad y = \frac{3a(a+b)}{a+3b}$$

が求まり,点 $\mathrm{A} = (x,y)$ が存在することがわかります.もちろん点 A が長方形の内部にあることもすぐに確かめられます.

このほかの解として,点 B を辺 OR の中点から下へ t だけずらした点とし,以

下点 C, D が決まり，これから点 A を決めることもできます．これは，問題の解答例にある 2 つの形が同じである分割の例を，少しずらして形の違う分割の解を得ようとするものです．この方針の解答が一番多くありました．もちろんこの場合には図形的に点 A を決めることは難しく，解析的な方法になります．また，3 点の中の 1 点を点 O にとって，解答を与えることもできます．

このような方針で正解を得られた方の人数は次の通りです．なお，幾何的な解と解析的な解の両方を与えられた方は，両方で数えています．

幾何的な正解を得られた方：24 名．

解析的な正解を与えられた方：27 名．

この問題は数名の方が指摘されたように，もっと一般的な形で解決できます．それを述べる前に正方形の場合を考えてみます．図 3 の右図のように 1 辺の長さが $2r$ の正方形に対して，外周を 3 等分割する任意の 3 点 B, C, D をとれば，中心 A とこれらの 3 点を結ぶ 3 本の半直線で外周も面積も 3 等分割されます．実際，

4 角形 ADRB の面積 $= \triangle ADR + \triangle ARB$

$$= \frac{(DR+RB)r}{2} = \frac{(8r/3)r}{2} = \frac{4r^2}{3}$$

となり，面積も 3 等分割されています．そしてこれと同様のことが長方形でも成り立つのです．つまり，長方形においても外周を 3 等分割するのに任意の 3 点 B, C, D に対して，うまく点 A を取ると，A とこれらを結ぶ 3 本の半直線によって面積も 3 等分割されます．

これを証明する準備として，図 3 の $\triangle XYZ$ と $\alpha + \beta + \gamma = \triangle XYZ$ を満たす任

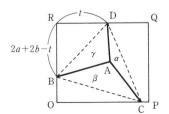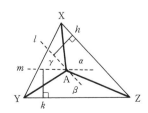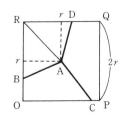

図 3 長方形 OPQR の等分割，3 角形の分割，正方形 OPQR の等分割

意の正の実数 α, β, γ に対して，ある点 A が存在し，A と X, Y, Z を結ぶ 3 本の半直線により，面積がそれぞれ α, β, γ の 3 角形に分割できることを示します．これは

$$h = \frac{2\alpha}{|XZ|}, \qquad k = \frac{2\beta}{|YZ|}$$

と決め，辺 XZ と平行で XZ から h 離れた直線 l と辺 YZ と平行で YZ から k 離れた直線 m の交点を A とすれば満たされます．

　さて，図 3 の左図の長方形の外周を 3 等分割する 3 点 B, C, D に対して，後で示すように △DRB，△BOC，4 角形 CPQD の面積はいずれも（長方形の面積）/3 以下になります．よって $S = $ 長方形の面積 とおくと

$$\alpha = \frac{S}{3} - 4\text{角形 DCPQ の面積}, \qquad \beta = \frac{S}{3} - \triangle BOC, \qquad \gamma = \frac{S}{3} - \triangle DRB$$

は 0 以上の実数となります．これより図 3 の中図のように各小 3 角形の面積が α, β, γ になるように △BCD を分割すれば，元の長方形においては各 4 角形とか 5 角形の面積が（長方形の面積）/3 となっています．

　△DRB の面積が（長方形の面積）/3 以下になることは，次のようにして確かめられます．関数 $f(t) = \triangle DRB$ の面積 $= (2a+2b-t)t/2$ と決めると，$f(t)$ は t の 2 次関数で，$t = a+b$ のとき最大値をとり，$t \geqq 2b$ では単調に減少する．よって，もし $t \geqq 2b$ なら

$$f(t) \leqq f(2b) = \frac{(2a+2b-2b)2b}{2} = 2ab \leqq 3ab$$

もし $t \leqq 2b$ なら $2a+2b-t \leqq OR \leqq 3a$ より $t \geqq 2b-a$ となるので

$$f(t) \leqq \frac{(2a+2b-(2b-a))2b}{2} = 3ab$$

となる．4 角形 CPQD についても $CP+QD = 2b-a$ より確かめられます．

　このように外周の任意の 3 等分割点に対しても面積の 3 等分割ができることを明確に述べ，かつ証明された方は，八日市市・平岩治司，東京都・ζ，横浜市・yk，横浜市・水谷一，福井市・力石巖，登別市・小坂田芳也，神戸市・八橋毅の各方々です．なお，$2a < b$ のときには，外周を 3 等分割する 3 点がすべて OP∪QR 上にあり，図 2 の右図に含まれない状態もあるので，図 2 の右図の解答だけの方は含めていません．

最後に補足を述べます．平面上のすべての凸図形はこのように外周と面積を同時に3等分割，もっと一般にk等分割できます．さらにより一般的な分割もあることがわかっています．これらについては下記の論文かホームページを参照してください．

J. Akiyama, A. Kaneko, M. Kano, G. Nakamura, E. Rivera-Campo, S. Tokunaga, and J. Urrutia, Radical perfect partitions of convex sets in the plane, *Lecture Notes in Computer Science*, Vol. 1763 (2000) 1-13.

A. Kaneko and M. Kano, Perfect n-partition of convex sets in the plane, *Discrete and Computational Geometry*, Vol. 28 (2002) 211-222.

https://sites.google.com/view/mikiokano

平面上の三角形 ABC の各辺の延長上に点 $L_B, L_C, M_A, M_C, N_B, N_A$ を次のようにとる.

- 辺 AB の A の側の延長上に L_B, B の側の延長上に M_A をとる.
- 辺 BC の B の側の延長上に M_C, C の側の延長上に N_B をとる.
- 辺 CA の C の側の延長上に N_A, A の側の延長上に L_C をとる.
- $AL_B = AL_C = BM_A = BM_C = CN_B = CN_A$

このとき,

- 直線 $L_B L_C$ と直線 $M_C M_A$ の交点を C′
- 直線 $M_C M_A$ と直線 $N_A N_B$ の交点を A′

- 直線 $N_A N_B$ と直線 $L_B L_C$ の交点を B′

とおくと, AA′, BB′, CC′ は 1 点で交わることを示してください.

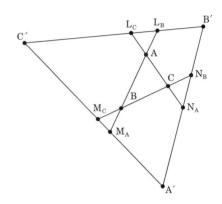

応募者は 53 名で, 年齢別では 20 代 1 名, 30 代 5 名, 40 代 7 名, 50 代 14 名, 60 代 19 名, 70 代 2 名, 80 代 2 名, 90 代 2 名, 年齢不詳の方が 1 名でした.

さて, この出題には相反する 2 つの意図がありました. 1 つは, 2018 年に告示された高等学校数学の学習指導要領においてベクトルが「数学 C」へ移行し, 文系の学生は学習しない可能性が危惧されており, ベクトルの考えが有用な問題をとりあげたい, ということです. 実は, 後述するようにこの問題は, 修士課程のゼミの中で派生した問題で, そこでは重心座標を主たる道具に用いていました. そういう思い込みもあって, 逆に私には初等幾何的な方法でのエレガントな証明は難しいように思えました. つまり, もう 1 つの意図は, 初等幾何的なエレガントな解答があるなら見てみたい, ということでした.

はてさて蓋を開けてみて驚きました. ベクトル計算による証明が多かったものの, 大まかに分類しただけでも, 実に 12 種類くらいの解答が寄せられたのです. そのうち, まずは寄せられた初等幾何的証明の 2 つを紹介したいと思います. い

ずれの証明においても，次のように文字をおきます．

$$BC = a, \qquad CA = b, \qquad AB = c,$$

$$B'C' = a', \qquad C'A' = b', \qquad A'B' = c',$$

$$AL_B = AL_C = BM_C = BM_A = CN_A = CN_B = t$$

証明1

これは，萩市・髙橋秀明氏によるものです．

まず三角形 A, B, C の内角をそれぞれ $2\alpha, 2\beta, 2\gamma$ とおきますと，対頂角，三角形の内角和，二等辺三角形の底角に関する性質から，

$$\angle N_A L_C B' = \angle M_A L_B C' = \angle C'A'B' = \beta + \gamma$$

$$\angle L_B M_A C' = \angle N_B M_C A' = \angle A'B'C' = \gamma + \alpha$$

$$\angle M_C N_B A' = \angle L_C N_A B' = \angle B'C'A' = \alpha + \beta$$

となります．つまり，$\triangle A'M_C N_B, \triangle L_C B'N_A, \triangle L_B M_A C'$ および $\triangle A'B'C'$ の 4 つの三角形は互いに相似となっています（図 1）．

いま，直線 A'A と B'C' の交点を L，直線 B'B と C'A' の交点を M，直線 C'C と A'B' の交点を N とおき，

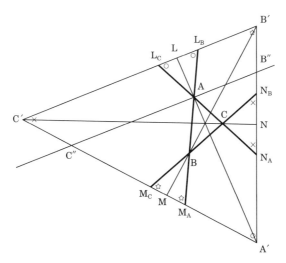

図 1　証明 1 の補助線

$$\frac{B'L}{LC'} \cdot \frac{C'M}{MA'} \cdot \frac{A'N}{NB'} = 1 \tag{1}$$

を示しましょう．そうすれば，チェバの定理の逆から題意が導かれます．そのために，$\dfrac{B'L}{LC'}$ を求めることを考えます．

補助線として A を通り，B'C' に平行な直線を引いて，A'B', A'C' との交点を B″, C″ としますと（図 1 参照），$\triangle AB''N_A$，$\triangle AM_AC''$ も上述の相似な三角形たちと相似になり，特に $\triangle AB''N_A \backsim \triangle A'B'C'$ より

$$B''A = \frac{B'A'}{A'C'} \cdot AN_A = \frac{c'}{b'}(b+t)$$

また，$\triangle AM_AC'' \backsim \triangle A'B'C'$ より

$$C''A = \frac{C'A'}{A'B'} \cdot AM_A = \frac{b'}{c'}(c+t)$$

となります．B'C' // B″C″ でしたので，これにより，

$$\frac{B'L}{LC'} = \frac{B''A}{AC''} = \left(\frac{c'}{b'}\right)^2 \frac{b+t}{c+t}$$

を得ます．同様にすれば，

$$\frac{C'M}{MA'} = \left(\frac{a'}{c'}\right)^2 \frac{c+t}{a+t}, \qquad \frac{A'N}{NB'} = \left(\frac{b'}{a'}\right)^2 \frac{a+t}{b+t}$$

となりますので，これらを掛け合わせて(1)となります．

証明2

次は伊丹市・北村嘉章氏，青梅市・清水俊宏氏による証明です．今度は，直線 AA' と BC の交点を L'，直線 BB' と CA の交点を M'，直線 CC' と AB の交点を N' とおいて，

$$\frac{BL'}{L'C} \cdot \frac{CM'}{M'A} \cdot \frac{AN'}{N'B} = 1 \tag{2}$$

を示しましょう（図 2）．そうすればやはり，チェバの定理の逆から題意が導かれます．そこで，$\dfrac{BL'}{L'C}$ を求めることを考えます．

今回は補助線として，点 A を通り BC に平行な直線を引いて，直線 A'B', A'C' との交点をそれぞれ N″, M″ とおきます（図 2）．すると，今回は

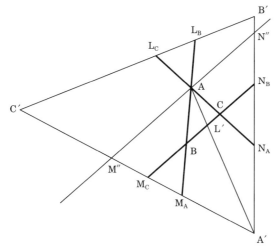

図2 証明2の補助線

- $\triangle AM''M_A$, $\triangle BM_CM_A$ が相似な二等辺三角形
- $\triangle AN''N_A$, $\triangle CN_BN_A$ が相似な二等辺三角形
- $BC /\!/ M''N''$ より $M''A : AN'' = M_CL' : L'N_B$

となりますので，これらを用いて

$$BL' = M_CL' - BM_C$$

$$= M_CN_B \cdot \frac{M''A}{M''N''} - t$$

$$= (a+2t) \cdot \frac{M_AA}{M_AA + AN_A} - t$$

$$= (a+2t)\frac{c+t}{b+c+2t} - t$$

$$= \frac{t(c+a-b)+ca}{b+c+2t}$$

同様にすれば，$CL' = \dfrac{t(a+b-c)+ab}{b+c+2t}$ が得られ，

$$\frac{\mathrm{BL'}}{\mathrm{L'C}} = \frac{t(c+a-b)+ca}{t(a+b-c)+ab}$$

となります．同じことを，$\dfrac{\mathrm{CM'}}{\mathrm{M'A}}$，$\dfrac{\mathrm{AN'}}{\mathrm{N'B}}$ に対しても行って，

$$\frac{\mathrm{CM'}}{\mathrm{M'A}} = \frac{t(a+b-c)+ab}{t(b+c-a)+bc}, \quad \frac{\mathrm{AN'}}{\mathrm{N'B}} = \frac{t(b+c-a)+bc}{t(c+a-b)+ca}$$

となり，これらを掛け合わせて，(2)を得ます．

講評・背景

　誤ってしまった証明のほとんどでは，AA′, BB′, CC′ が △ABC の内心，あるいは，△A′B′C′ の垂心で交わると考えられていたようです．t が小さいとき，特に $t=0$ の極限ではたしかに △ABC の内心で交わるのですが，t の値が大きな図を描いてみると，それらは異なる点となることが分かります．この出題では △ABC の各辺を外側に延長したところに，$\mathrm{L_B}, \mathrm{L_C}$ などをとりましたが，実は t が負の値もとるとして図を考えてみても，AA′, BB′, CC′ は 1 点で交わります（図 3）．では t が任意の実数値をとるとき，AA′, BB′, CC′ の交点 F_t はどのような軌跡を描くのでしょうか．

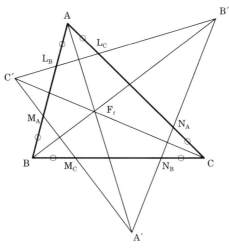

図 3 t が負の場合

こうした三角形に関する図形の性質を記述するときは，平面上の特定の点を始点にした位置ベクトルで点の位置や図形の性質を記述するよりも，重心座標とよばれる同次座標を用いるのが便利です．これを説明するために，いま，考えている平面が空間に浮かんでいると考えて，この平面上にない空間内の点 O をとります．点 O を原点として，点 A, B, C の空間内の位置ベクトルを $\boldsymbol{a}, \boldsymbol{b}, \boldsymbol{c}$ とすると，この平面は点 A, B, C を通る平面ですから，平面上の点 X の位置ベクトルは，$x+y+z \neq 0$ となる実数 x, y, z を用いて

$$\frac{x}{x+y+z}\boldsymbol{a}+\frac{y}{x+y+z}\boldsymbol{b}+\frac{z}{x+y+z}\boldsymbol{c}$$

と表されます．このときの，x, y, z の比率を用いた記法 $[x, y, z]$ が，点 X の重心座標とよばれるものです．特に $x+y+z=1$ のときは，正規化された重心座標といいます．重心座標 $[1, 0, 0]$，$[0, 1, 0]$，$[0, 0, 1]$ は三角形の 3 頂点 A, B, C を表しており，重心座標は空間内の位置ベクトルに関係していますから，2 点の内分点や外分点も容易に計算できます．実際，問題に登場する点を重心座標で表せば，

$$L_B = [c+t, -t, 0], \qquad L_C = [b+t, 0, -t],$$
$$M_C = [0, a+t, -t], \qquad M_A = [-t, c+t, 0],$$
$$N_A = [-t, 0, b+t], \qquad N_B = [0, -t, a+t]$$

となります．重心座標で表された 3 点が 1 直線上にあるための条件は，当該 3 点が空間内で原点 O を通る同一平面上にあることと同値であることから，計算を進めることができて，結果だけ紹介すると，A′, B′, C′ の重心座標はそれぞれ

$$[-a^2-2at, (a+b-c)t+ab, (c+a-b)t+ca]$$
$$[(a+b-c)t+ab, -b^2-2bt, (b+c-a)t+bc]$$
$$[(c+a-b)t+ca, (b+c-a)t+bc, -c^2-2ct]$$

となります．そして，AA′, BB′, CC′ は次の F_t

$$F_t = \begin{bmatrix} \{(c+a-b)t+ca\}\{(a+b-c)t+ab\} \\ \{(a+b-c)t+ab\}\{(b+c-a)t+bc\} \\ \{(b+c-a)t+bc\}\{(c+a-b)t+ca\} \end{bmatrix}$$

で交わることが分かります（紙面の都合上ここだけは座標を縦に並べました）．実は，この F_t の軌跡は，3 頂点 A, B, C，△ABC の垂心，内心，ジャーゴンヌ点を通る直角双曲線で，フォイエルバッハ双曲線とよばれています（次ページ図 4）．

139

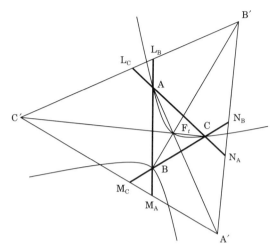

図4 フォイエルバッハ双曲線

$t \to \infty$ の極限がジャーゴンヌ点に対応します．このようなフォイエルバッハ双曲線の構成方法は，2013年の論文に載っていました[1]．このテーマでゼミをしてきた野口貴規氏の修士論文では関連する内容も含めかなり丁寧に解説されています[2]．

拡張

　また東京都・木下俊之氏の考察では，さらに驚くべき定理の拡張がなされていました．今回の問題では，

$$AL_B = AL_C = BM_C = BM_A = CN_A = CN_B$$

とすべて等しくしていましたが，木下氏によれば，

$$AL_B = BM_A, \quad BM_C = CN_B, \quad CN_A = AL_C$$

というように各辺の両端の延長部分の長さが等しければ同じ結果が成り立つというのです(142ページ図6も参照)．木下氏は，2種類の証明を付してくださいましたが，いずれも鮮やかでした．その1つを紹介しましょう．

　この証明ではデザルグの定理の逆を用います．デザルグの定理およびその逆とは次のような定理です．

定理 平面上の三角形 ABC と三角形 A′B′C′ について，つぎの2つは同値である．

(1) 直線 AA′, BB′, CC′ は1点で交わる．

(2) 対応する辺の交点，つまり AB と A′B′，BC と B′C′，CA と C′A′ の交点は1直線上にある．

　正確にはデザルグの定理とその逆は射影幾何的な定理ですので，3直線が1点で交わるというのは，「無限遠点」で交わる場合，つまり3直線が平行となるときを含む，といったように通常の平面幾何では例外となる場合を含みますが，ここでは細かい部分に目をつぶって証明の骨子を紹介していきます．

　まず，△ABC の3辺 BC, CA, AB の長さをこれまで同様 a, b, c と表し，3種類の延長部分の長さを

$$BM_C = p, \qquad CN_A = q, \qquad AL_B = r$$

とします．そして，BC と B′C′ の交点を A_0，CA と C′A′ の交点を B_0，AB と A′B′ の交点を C_0 とおきます．上述の定理から A_0, B_0, C_0 が一直線上にあることを示せば十分です（図5）．

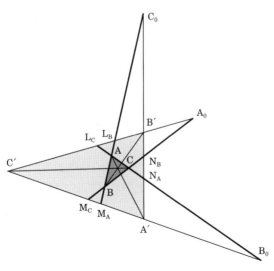

図5 木下俊之氏の証明

141

はじめに，△ABC と直線 B'C' に関してメネラウスの定理を用いると，

$$\frac{\mathrm{BA_0}}{\mathrm{A_0C}} \cdot \frac{\mathrm{CL_C}}{\mathrm{L_CA}} \cdot \frac{\mathrm{AL_B}}{\mathrm{L_BB}} = \frac{\mathrm{BA_0}}{\mathrm{A_0C}} \cdot \frac{b+q}{q} \cdot \frac{r}{c+r} = 1$$

となり，同様に，△ABC と直線 C'A'，および，△ABC と直線 A'B' にもメネラウスの定理を用いると，

$$\frac{\mathrm{CB_0}}{\mathrm{B_0A}} \cdot \frac{\mathrm{AM_A}}{\mathrm{M_AB}} \cdot \frac{\mathrm{BM_C}}{\mathrm{M_CC}} = \frac{\mathrm{CB_0}}{\mathrm{B_0A}} \cdot \frac{c+r}{r} \cdot \frac{p}{a+p} = 1,$$

$$\frac{\mathrm{AC_0}}{\mathrm{C_0B}} \cdot \frac{\mathrm{BN_B}}{\mathrm{N_BC}} \cdot \frac{\mathrm{CN_A}}{\mathrm{N_AA}} = \frac{\mathrm{AC_0}}{\mathrm{C_0B}} \cdot \frac{a+p}{p} \cdot \frac{q}{b+q} = 1$$

となります．上記の3つの式を掛け合わせれば，

$$\frac{\mathrm{BA_0}}{\mathrm{A_0C}} \cdot \frac{\mathrm{CB_0}}{\mathrm{B_0A}} \cdot \frac{\mathrm{AC_0}}{\mathrm{C_0B}} = 1$$

が得られ，これはメネラウスの定理の逆により，$\mathrm{A_0, B_0, C_0}$ が1直線上にあることを主張しますから，証明が終了します．まさにエレガントな解答だと思います．

さらに，木下氏からは，この状況で，$\mathrm{L_B, L_C, M_C, M_A, N_A, N_B}$ の6点が同一2次曲線上にのっている，など驚くべき系も多数紹介いただきました．脱帽するほかありません．

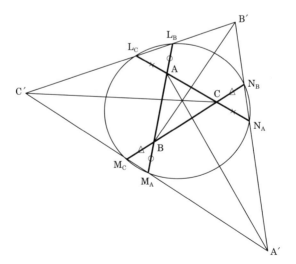

図6　木下氏の拡張と系

参考文献

［１］ T. Kouřilovà and O. Röschel, "A remark on Feuerbach hyperbolas", *J. Geom.*, 104 (2013), pp. 317-328.

［２］ 野口貴規,「三角形に定義される 2 次曲線 —— 重心座標と双対原理を用いて」, 兵庫教育大学大学院学校教育研究科, 平成 29 年度修士論文.

解答篇

16 出題者 小関健太

図1のように正三角形が並んでいる図形を
n段の**三角格子**とよぶ．ただし，nは外側の
各辺に並んでいる正三角形の数である．

図1 4段の三角格子

三角格子の頂点を何色かで塗り，3頂点が
すべて同じ色の正三角形（**単色三角形とよぶ**）
を見つけたい．ただし，単色三角形はいくつ
かの小三角形を貼り合わせた正三角形のなか
から探す．向きは上向きでも下向きでも構わ
ないとする．例えば図2（左）には四角で囲っ
た3点を頂点とする単色三角形が存在するが，
（右）の丸で囲った3点は単色三角形を構成せ
ず，実際に単色三角形が存在しない塗り方と
なっている．

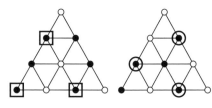

図2 単色三角形のある塗り方（左）とない塗
り方（右）

(1) 4段の三角格子は，頂点をどのよう
    に2色で塗っても単色三角形を持つ
    ことを示せ．
(2) 5段の三角格子の3色での頂点の塗
    り方で，単色三角形を持たないもの
    を一つ示せ．
(3) 10000段の三角格子は頂点をどのよ
    うに3色で塗っても単色三角形を持
    つことを示せ．

なお，(3)はもっと大きな三角格子で考え
ても構わない．また，(1)や(2)のみの解答も
歓迎する．

応募者は合計49名で，年代別では10代1名，20代2名，30代5名，40代5名，
50代11名，60代18名，70代6名，80代1名でした．本問は，特に(3)が難しか
ったと思います．出題時に(1)や(2)のみの解答も歓迎すると書きましたが，実際
に30名以上の方が(2)までの解答を送ってくださいました．また，(3)は12名の
方が正答されました．

(1)の解答例

(1)は一つ一つ丁寧に場合分けをしてつぶしていけば示せますが，多くの解答
者が対称性などを使って労力を減らすよう工夫されていました．（解答を得るよ

144

りも，どう書くかの方が難しかったかもしれません．）　ここでは次の補題を使った解答を例示します．この補題は必須ではありませんが，これに気づいていると (3)の解答に見通しが立つことになります．

　なお，簡単のため，同じ段の2点に対し，その2点と合わせて上向きの正三角形を作る点を，その2点の**上にある点**とよぶことにします．例えば，図3の点 e は2点 a, b の上にある点であり，点 g は2点 a, d の上にある点です．

補題 1　三角格子の頂点が2色で塗られており，同色の頂点 a, b, c, d がこの順で一直線上に並んでいる．ただし，$b = c$ かもしれない．ここで，ab 間の距離と cd 間の距離が等しいならば単色三角形が存在する．

補題 1 の証明　図3のように，頂点 a, b, c, d が黒で塗られているとします．このとき，図3の頂点 e が黒ならば a, b, e が黒の単色三角形となるので，e は白としてよいです．同じ理由で f も白になります．しかし，ae と df を伸ばして交わる頂点 g に対し，g が白ならば e, f, g が単色三角形であり，黒ならば a, d, g が単色三角形となります．　　　　　□

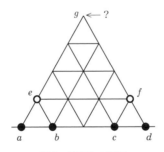

図 3　補題1の証明

　では補題1を使って(1)を示しましょう．4段の三角格子が単色三角形がないように2色で塗られていると仮定し，矛盾を導きます．三角格子の左から i 段目，下から j 番目の頂点を (i, j) と表すことにしましょう．図4（次ページ）はその状況を表したものです．以下のように，四角内にある数字の順に頂点の色が決まっ

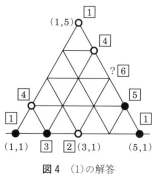

図 4 (1)の解答

ていきます.

① 外側の 3 頂点 $(1,1), (5,1), (1,5)$ は, 必要なら回転させて, $(1,1)$ と $(5,1)$ は黒, $(1,5)$ は白であると仮定してよいです.

② $a = (1,1)$, $b = c = (3,1)$, $d = (5,1)$ として補題 1 を適用すると, $(3,1)$ は白となります.

③ $a = (2,1)$, $b = c = (3,1)$, $d = (4,1)$ として補題 1 を適用すると, $(2,1)$ と $(4,1)$ の少なくともどちらか一方は黒となります. 対称性より $(2,1)$ を黒とします.

④ $(1,1)$ と $(2,1)$ が黒なので, その上にある $(1,2)$ は白になります. 同じ理由で $(2,4)$ も白です.

⑤ $(1,2), (4,2)$ と $(1,5)$ が単色三角形ではないので, $(4,2)$ は黒になります.

⑥ $a = (1,5)$, $b = c = (2,4)$, $d = (3,3)$ として補題 1 を適用すると, $(3,3)$ は黒になりますが, $a = (3,3)$, $b = c = (4,2)$, $d = (5,1)$ として適用すると白になります. これで矛盾が起こり, 証明が完了しました.

(2)の解答例

(2)は単色三角形を作らないように気を付けて塗っていけば, 難しくなく解答を発見できると思います. 図 5 に一例だけ示しますが, もっと多様な解答が存在します. なお, 3 色の色は白・黒・赤として, 図では赤色を四角で表しています.

146

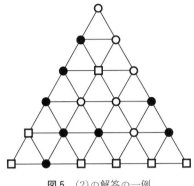

図5 (2)の解答の一例

(3)の解答例：その1

それでは(3)を示します．松戸市・広川久晴さんは10000段より少なく2592段で十分であることを証明されていました．ここで紹介しましょう．

2592段の三角格子が単色三角形がないように3色で塗られているとし，矛盾を導きます．

1番の下の段に2593個の点がありますが，$\frac{2593}{3} = 864.33\cdots$ ですので，そのうちの865個以上が同じ色になります．その色を赤としましょう．この赤点たちを2点で1組にするペアを考えます．そのような赤ペアは，全部で

$$\binom{865}{2} = 373680$$

個できます（左辺は2項係数です）．ここで，各赤ペアの2点の距離は，1〜2592の2592通りのどれかですので，

$$\frac{373680}{2592} = 144.166\cdots$$

より，145組以上の赤ペアが同じ距離になります．単色三角形がないという条件より，各ペアの上にある点は白または黒のどちらかで塗られています．$\frac{145}{2} = 72.5$ と対称性より，73組の赤ペアの上にある点は黒であるとしてよいです．図6（次ページ）をご参照ください．

この73組の赤ペアたちは2点の距離が同じですので，その上の黒点たちはすべて同じ段に並んでいます．今度はその黒点たちを2点1組でペアにしましょう．

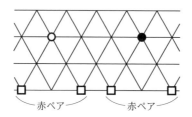

図6 距離2の赤ペアとその上の点．赤ペアの上の点たちには赤が使えない．

その黒ペアは，全部で

$$\binom{73}{2} = 2628$$

個できます．各黒ペアの2点の距離は高々2591通りのどれかですので，

$$\frac{2628}{2591} = 1.01\cdots$$

より，2組以上の黒ペアが同じ距離になります（鳩の巣原理ですね）．この2組の黒ペアが補題1の状況を作るため，補題1の証明と同様にして矛盾が起こります．図7を参照ください．

芦屋市・ぬるぽさん，神奈川県・大坂翔人さん，市原市・母里博志さんも，同じアイデアで解答されていました．また，京都市・清洲早紀さん，東京都・高池

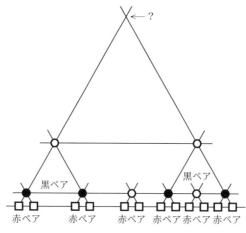

図7 (3)の解答の略図

建彦さんの解答は，見かけは違いますが背後には同様のアイデアが隠れていました．鎌倉市・くまパパさんの解答も同じようなアイデアが使われていましたが，出題者が想定していなかったもので楽しく読ませていただきました．

(3)の解答例：その2

実は，10000段より大きな三角格子でよいならば，(3)は，次の定理と(1)を組み合わせることで比較的簡単に示せます．この定理は**ファン・デル・ヴェルデンの定理**とよばれています．

定理2 任意の正の整数 k, ℓ に対して，ある定数 $n(k, \ell)$ が存在して，$n(k, \ell)$ 個の連続する整数を k 色でどのように塗り分けても ℓ 項からなる同色の等差数列が存在する．

では，定理2を使って(3)を示しましょう．$N = n(3, 6)$ として，$N-1$ 段の三角格子を3色で塗ります．一番下の段には N 個の点があるため，定理2より，ある6つの点が同色で等間隔に並んでいます(次ページ図8ではその距離を d としています)．その色を赤とします．このとき，その6点から得られる $\binom{6}{2} = 15$ 組のペアの上にある点たちは，4段の三角格子を構成しています．その15点に赤い点があると一番下の段の2点と合わせて単色三角形ができるので，それはすべて白か黒で塗られています．したがって，(1)より白か黒の単色三角形が存在します．図8をご参照ください．

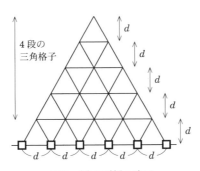

図8 (3)の別解の略図

大津市・栗原悠太郎さんをはじめ，5名の方がこの方法で示されていました．この等差数列を考える方法ですと，定理 2 で得られる $n(k, \ell)$ が大きすぎて残念ながら 10000 段では足りません．しかし，10000 段という数に特に意味はなく，出題時に述べたように，もっと大きな三角格子でも構いませんので，この方法で解答された方も正解としました．

また，ファン・デル・ヴェルデンの定理をご存じなかったであろう方で，「ある 6 つの点が同色で等間隔に並んでいるなら〜」という仮定付きで解答していただいた方も数名いらっしゃいました．

きれいな性質へと帰着させて考えており，大変面白い方法だと思います．

今回の問題では 3 色での塗り分けまでしか考えませんでしたが，4 色以上でも，十分に大きな三角格子を用意すれば単色三角形が存在することが同様に示せます．この事実や定理 2 のように，「十分大きな構造には，何らかの規則的な性質が存在する」というタイプの性質はラムゼー理論とよばれる分野で盛んに研究されています．その面白さが伝わりましたら幸いです．

17 岩沢宏和

出題者

　長さが 1 の線分だけを使って図形を描きます．そのとき，描かれた図形によって，線分どうしの相対的な位置関係が一意に決まる部分があるとき，その部分は「作図できた」と考えることにします．たとえば，図(A)では辺長 1 の正 3 角形の作図ができていますが，(B)では，各角が直角である保証はないので，これだけでは正方形の作図にはなりません．(C)では PQ の部分で長さ 2 の線分が作図できています．(D)の場合，一部の位置関係は確定していませんが，∠PQR の部分は確定しており，90 度の作図ができています．

(1) できるだけ少ない本数で(もし可能なら 8 本以内で) 90 度を作図してください．
(2) できるだけ少ない本数で(もし可能なら 8 本以内で) 20 度を作図してください．
(3) (2)で考えた 20 度というのは，いわゆる「コンパスと定規での作図」が不可能な角度です．そこで，その意味だと不可能ながら，本問での作図ルールなら 10 本以内の線分で作図可能な角度や長さの例((2)の答えから派生する自明なものを除きます)を見つけてください．ただし，そのままだと条件が厳しすぎるし，作図も煩雑になるので，「線分をまっすぐにつなげる」場合と「共通点をもつ線分どうしの角度を 90 度にする」場合に限っては，それらの部分の作図に必要な補助的な線分を省略してよいことにします．この場合，

たとえば $\sqrt{5}$ は，(E)のとおり 3 本で作図できます．

　(1)〜(3)のうちの一部だけの解答も歓迎します．

(A)
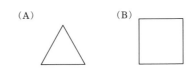

(B)

(C)
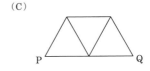

(D)
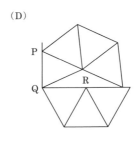

(E)
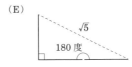

　応募者は 46 名で，年齢別では，10 代 1 名，20 代 1 名，30 代 4 名，40 代 1 名，50 代 16 名，60 代 19 名，70 代 4 名でした．

用意していた「エレガント」な解答例

　本問の問題文は，紙幅の都合もあって条件は完全には明確でなく，一部に解釈の余地がありました．そこでまずは，出題者が想定していた解答例がどういうものだったかを紹介します．

　(1)の解答例は図1のとおりのものでした．国分寺市・内藤康正さんと横浜市・水谷一さんも，これと本質的に同じ解を提出されました．これは6本で済んでおり，最少でした．

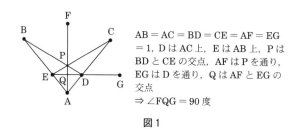

AB＝AC＝BD＝CE＝AF＝EG
＝1，DはAC上，EはAB上，Pは
BDとCEの交点，AFはPを通り，
EGはDを通り，QはAFとEGの
交点
⇒∠FQG＝90度

図1

　実は講評者(＝出題者)は，マッチ棒パズルを研究しているときに本問の原形を思いつきました．その際に，(2)にあたる問題に対する解答例として最初に用意したのは，図2のものでした．東京都・高池建彦さん，内藤さん，さいたま市・荻原紹夫さんも同じ解を提出されました．線分は7本です．

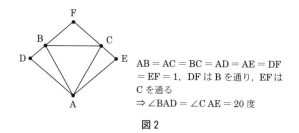

AB＝AC＝BC＝AD＝AE＝DF
＝EF＝1，DFはBを通り，EFは
Cを通る
⇒∠BAD＝∠CAE＝20度

図2

　原形の問題を考えていた当初は，マッチ棒パズルとして考えていたためもあって，線分どうしの一部を二重にして配置することは想定していませんでした．ところが，最少解を深く検討する前に，その原形の問題を友人の渡部正樹氏に出し

たところ，瞬時に（！）同氏が見つけてくれたのが，図3と本質的に同じ解でした．今回寄せられた中でも，日立市・高橋健吾さん，福山市・山本哲也さん，たつの市・松下賢二さん，市原市・母里博志さんがこの解を提示されていました．たった6本です．これを下回る解はありませんでした．

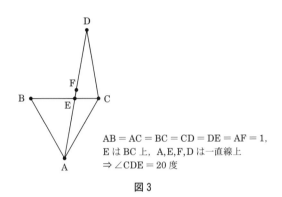

AB ＝ AC ＝ BC ＝ CD ＝ DE ＝ AF ＝ 1，
E は BC 上，A,E,F,D は一直線上
⇒ ∠CDE ＝ 20 度

図3

　たしかに，今回の問題では，線分をこのように重ねて用いることを禁じる理由をひねり出すのは難しいと思います．ただ，逆に，これを禁じ手と思う方もいるかもしれない（実際，いらっしゃいました）ので，禁じ手と考えた場合は7本が最少，そうでない場合は6本が最少，というように分けて判定することとしました．
　(3)の問題文中の「(2)の答えから派生する自明なものを除きます」の部分は，大いに解釈の余地がありました．出題者の本音は，角の3等分に関するものは(2)の亜種であり，また，その応用で作図可能なさまざまな整数の角度もやはりどれも「派生」と思えるので，できれば別のものを考えてほしい，というものでした．
　そして，解答例としては（たとえば2の）立方根の作図を用意していました．これについては，出題者が用意していたよりもすっきりした解答もあったので，具体的な作図は，寄せられた答案の中から紹介します．

注意すべき誤答
　本問では，作図しようとする長さや角度を示す部分において「線分どうしの相

対的位置関係が一意に」決まっていないといけません．たとえば，いわゆる五芒星（星形正 5 角形）は形が定まりません（図 4 参照）が，これは，問題文の図(B)が，正方形のように見えて，正方形とは限らないのと同様です．このため，星形正多角形の形が定まると考えて作図した答案(たくさんありました)はどれも正解になっていません．

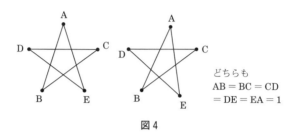

図 4

どちらも
AB = BC = CD
= DE = EA = 1

　形が定まっていないことを判定する簡単な目安(厳密には必要条件でも十分条件でもありませんが)は，(形を問題にしているので)1 つの線分(どれでもよい)の位置を固定して考え，その線分以外の線分の本数 ℓ (五芒星の場合は 4)とその線分には属さない端点の個数 p (五芒星の場合は 3)とを数えることで得られます．$\ell < 2p$ ならば，端点の座標を決定するだけの条件の数が(特殊な場合を除いて)足らないため，一般には，形が定まっていないと想定すべきです．

　なお，(3)に対して，正の整数 n に対する $\sqrt{n}$ の作図について論じてくれた方が何人もいらっしゃいましたが，$\sqrt{n}$ の作図は「コンパスと定規での作図」が可能なので，論考はすぐれていても，本問の解答としては評価できませんでした．そのほか，長さ 1 の線分以外の道具や円や線分や等分点などを付加したものは，いずれも本問に対する正解とは見なせませんでした．

「正解者」の基準

　本欄は「エレガントな解答」を高く評価しようとするものであり，通常の「試験」とは評価基準が違います．(1)(2)については(「試験」の意味での正解者が多数いらしたこともあり)「8 本以内」で正しい作図を提示した場合のみ「正解者」とすることにしました．(3)については，(整数の角度の作図についてのすぐれた

議論を展開してくれた方もいらしたものの）整数の角度や角の3等分（やそれらからの簡単な派生）は「正解」とはせず，それ以外の角度や長さで「コンパスと定規での作図」が不可能なものを，長さ1の線分10本以内で正しく作図した場合のみ「正解」としました．

　なお，「試験」だと，正答とともに誤答を記していた場合には，不正解となる（少なくとも減点される）と思いますが，その部分は逆に評価基準は甘くし，今回は，誤答を記していても，上記基準を満たす正答を記している場合は「正解者」としました．

答案の紹介方法

　すぐれた答案の多くには，どうしてその作図が正当であるかの証明が付されていましたが，ここでは紙幅の都合上，その大半を省略します．特に，角度に関しては，2等辺3角形の底辺の2角が等しいことや，3角形の内角の和が180度であることなど，ごく基本的なことから値が定まるものばかりであるため，証明はすべて省略します．

(1)のその他の作図例

　(1)に対する正解の中で非常に多かったのは，図5のもの（や，それと同等のもの）でした．

　線分を重ねて使ってはいるものの，非常にシンプルで，本数も7本と少なく，

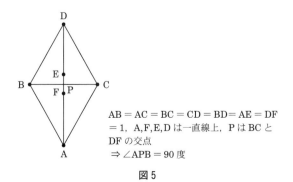

AB = AC = BC = CD = BD = AE = DF
= 1，A,F,E,D は一直線上，P は BC と
DF の交点
⇒ ∠APB = 90 度

図5

これを見つけた方の多くは、さらに本数を減らそうとは思いもしなかったかもしれません。ほかにも東京都・毒島悠樹さんをはじめ、独自の7本解を提示してくれた方もいましたが、最少の6本解に到達したのは、本解説の冒頭近くで紹介した2名の方のみでした。

(2)のその他の作図例

線分を重ねないで20度を作るときの最少記録は7本でしたが、この意味での最少の7本解は、ほかにもいくつかありました。特に多くの方が提示されていたのは、図6のものでした。

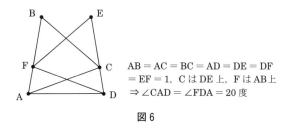

AB = AC = BC = AD = DE = DF
= EF = 1, C は DE 上, F は AB 上
⇒∠CAD = ∠FDA = 20 度

図6

(3)の作図例について

(3)は実にいろいろな作図が寄せられました。選りすぐって紹介します。以下で、「作図不能」とかぎ括弧つきで書いた場合は、本問における意味で、コンパスと定規での作図が不可能であることを意味します。

角度ながら「正解」と判定した作図

図7は母里さんによる $\frac{180}{13}$ 度の作図例です。分母が13の角度となると、さすがに3等分からの派生ではないし、(3)の特別ルールによって本数を減らすことなく、たった9本で実現できているところも驚きました。

なお、数人の方から $\frac{180}{7}$ 度の作図例が送られてきましたが、提示された図を確認したところ、主張されている本数ではきちんと形が定まらないか、本数が10本を超えているかのいずれかであって、どれも「正解」とは判定しませんでした。

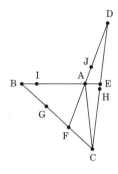

AB = AC = AD = BF = CG = CE
= DH = EI = FJ = 1, B,G,F,C と
B,I,A,E と C,H,E,D と D,J,A,F は
それぞれ一直線上
⇒ ∠ACD = ∠ADC = 180/13 度

図7

立方根の作図

これはいくつも寄せられました．ここでは2例のみ紹介します．

図8は $\sqrt[3]{2}$ を10本で作図するもので，高池さんによるもの（と実質的に同じもの）です．

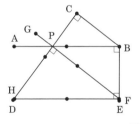

AB = CD = FG = FH = 2,
BC = BE = 1, BC⊥CD,
AB⊥BE, CD⊥FG, BE⊥FH,
P は AB と CD の交点，F は BE
上の点，FG は P を通り，H は
CD 上の点
⇒ PB = $\sqrt[3]{2}$

図8

△BCP, △PBF, △FPH が互いに相似な直角3角形であることがミソで，BC = 1, DE = 2 であり，$\left(\dfrac{\mathrm{PB}}{\mathrm{BC}}\right)^3 = \dfrac{\mathrm{DE}}{\mathrm{BC}}$ であることから，PB = $\sqrt[3]{2}$ が帰結します．

立方根に関するほとんどの作図例は，出題者が事前に思い浮かべていた範囲内のものでしたが，荻原さんによる図9（次ページ）の作図は驚きました．

実に無駄なく，たったの7本で $\sqrt[3]{2}$ を作図しています．図では BD 間に線を引いていません（そしてそれが本数を減らすのにうまく効いています）が，△ABD を考えると，これは直角3角形です．その点にさえ注意すれば，立方根が得られる原理自体は先の例と同様なので，計算過程は省略します．

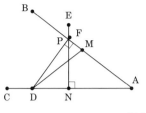

AB = AC = 2, M,N はそれ
ぞれ AB と AC の中点, MD
= NE = DF = 1, AC⊥EN,
AB⊥DF, D は AC 上の点,
P は AB と NE の交点, DF
は P を通る
⇒ PA = $\sqrt[3]{2}$

図9

3次方程式の解の作図

　3次方程式に有理数根がない場合，たとえ正の実数根があっても，その数は「作図不能」であることが知られています．もちろん，上に述べた立方根もこの範疇に含まれますが，立方根以外の長さを選ぶことにより，実に美しい作図例に到達した答案がありました．京都市・清洲早紀さんによるもので，図10のとおりです．

　2つの図形のどちらにおいても，たとえば AB 間の長さは「作図不能」な長さです．そのことを見るために，点 O, C, A, B の座標をそれぞれ $(0,0), (1,0), (x,y),$ $(x,-y)$ として方程式を立てて整理すると，（どちらの図でも）3次方程式 $8x^3-20x^2+8x+3 = 0$ が得られます．この3次方程式は有理数根をもたないので，この方程式の2つの正の実数根 $0.8804\cdots$ および $1.849\cdots$ の長さはどちらも「作図不

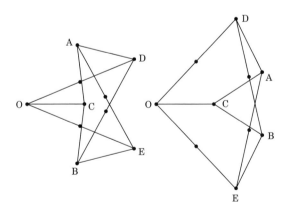

OC = AC = BC = AD = BE = 1,
OD = OE = AE = BD = 2,
⇒ AB は「作図不能」な長さ

図10

能」です．ACの長さが1であることからxとyには$(x-1)^2+y^2=1$という関係があるため，xが「作図不能」であることとyが「作図不能」であることは同値なので，先の2つの正の実数根に対応するyは「作図不能」であり，ABの長さ$2y$も「作図不能」とわかります．いま考慮した2つの正の実数根のうち，前者に対応するのが図10の左図で，後者に対応するのが右図です．

　長さ2の線分をいくつも使っているため，長さが1の線分の本数としては13本となり10本以内には収まらなかった（よって，ごめんなさい，「正解」とは見なしませんでした）ものの，実にシンプルで美しい対称図形による作図例だったため紹介させてもらいました．

冪根を使っても表せない長さの作図例

　講評者が最も驚いたのは，大津市・栗原悠太郎さんによる作図例でした．

　ここまでに紹介した作図例に現れた長さはどれも，整数をもとに加減乗除と冪根（たとえば立方根）をとることのみを繰り返すことによって表すことのできるもの（以下では，簡単に「冪根で表せるもの」と表現する）でした．清洲さんの例にしても，3次方程式には（代数的な）根の公式がありますので，（実数根といえども，根の公式に頼って表そうとすると，いったん複素数を介することになるのでかなり煩雑な表現にはなるものの）そうした長さでした．しかし栗原さんは，そうでない長さを，たった7本で作図する例を示してくれました．図11のとおりです．

　図中のBDの長さをxとすると，

$$x^6-\sqrt{2}x^5-x^4-2\sqrt{2}x^3+3x^2-\sqrt{2}x+1=0$$

となります．栗原さんは幾何学的にエレガントな方法でこの式を導いていましたが，ここでは行数を削るために，力ずくで求める方法で説明すると，Bを原点と

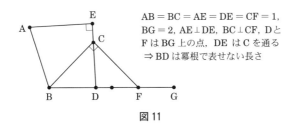

AB = BC = AE = DE = CF = 1,
BG = 2, AE⊥DE, BC⊥CF, Dと
FはBG上の点，DEはCを通る
⇒BDは冪根で表せない長さ

図11

し，D が $(x, 0)$，C が $\left(\dfrac{1}{\sqrt{2}}, \dfrac{1}{\sqrt{2}} \right)$ となるように座標系をとれば，∠CDA ＝ 45 度であることと AD ＝ $\sqrt{2}$ であることから A の座標が x で書けるので，その表現をもとに AB ＝ 1 という条件を x の式で書いて，適当に整理すれば上の方程式が得られます．

この方程式の根は，冪根で表せるものではありません．そのことを示すには，$z = \sqrt{2}x$ とおいて，z を未知数とする方程式

$$z^6 - 2z^5 - 2z^4 - 8z^3 + 12z^2 - 8z + 8 = 0$$

に変形し，この整数係数の方程式の根が，冪根で表せないことを示せばよいです．そしてそれは，ガロア理論を用いることにより可能です（この方程式のガロア群を求めると 6 次対称群 S_6 となって可解群でないことが確かめられます．ただし，それを手計算で検証するのはかなり手間がかかるので，講評者は，計算機を使って，同方程式の非可解性を確認しました）．

なお，本問の作図法では，原理的には，代数的数（整数係数の方程式の根となる数）のうちの正の実数なら何でも，その長さを作図することが可能です．正の実数でも，それ以外の数すなわち超越数は作図できません．

その理由をここで詳しく論じることはできませんが，代数的数が作図可能であることのほうは，以下のように考えれば合点がいくと思います．立方根の作図のときと同様に，互いに相似な直角 3 角形で，順々に辺を共有するものをいくつも作っていけば，与えられた長さ x に対して任意の冪乗が作図できます．また，本作図法でも，与えられた長さを，別の任意の位置に作図することは（煩雑ですが）可能なので，適当に x の大きさを調整しながら，（どんな例でもよいですが）たとえば，x^5 と 3 を加えた長さが，x^3 の長さと一致することを示す作図は可能です．そしてその場合には，$x^5 - x^3 + 3 = 0$ という方程式の正の実数根が作図できたことになります．もちろん，与えられた長さの整数倍の長さの作図も可能なので，それを利用しつつ，先に述べた要領で作図をすれば，たとえば $x^5 - 10x^3 + 5x^2 + 10x + 1 = 0$ といった方程式の正の実数根の作図も可能なわけで，一般に，整数係数の方程式の正の実数根の作図も（原理的には）可能です．

18 出題者 植野義明

　漸近線が互いに直交する双曲線を直角双曲線といいます．△ABCの重心をGとするとき，4点A, B, C, Gを通る直角双曲線はただ一つ存在するといえるでしょうか．

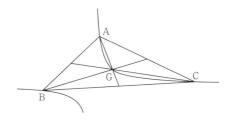

　44通の応募があり，年齢分布は，20代3名，30代4名，40代4名，50代12名，60代17名，70代2名，80代1名，90代1名でした．

　はじめに，正解を示しましょう．4点A, B, C, Gを通る直角双曲線の個数は△ABCの形状によって異なり，およそ次の表にまとめることができます．

△ABCの形状	直角双曲線の個数
正三角形	無数に存在
その他の二等辺三角形	存在しない
不等辺三角形	ただ一つ存在

　もし，問題の文の△ABCがすべての三角形を意味するなら，「そうであるとは限らない」が正解となり，何らかの反例を挙げてそのように答えた方は18名でした．また，与えられた三角形を意味するなら，「どのような三角形が与えられたかに依る」が正解となり，そのように答えた上で上の表を完成させた方は15名でした．直角双曲線がただ1つに決まる条件を答えた方は1名でした．以上の合計34名の方たちを正解者とします．

　ほとんどの方たちは通常の座標を使う具体的な計算によって解答に達していましたが，鳥取市の山本英樹氏，京都市の清洲早紀氏，長岡京市のクスコ氏は重心座標を，川崎市の清水俊宏氏は三線座標を，日立市の伊藤一光氏は複素数平面を使って計算していました．また，横浜市の水谷一氏は，表の3つの場合分けに行

列のランクを使っていました.

すぐにわかる反例

　問題の図を見てまず気づくことは，双曲線の片方の枝の上には三角形の3つの頂点すべては乗っていないということです．なぜなら，例えば，双曲線 $xy = 1$ は $x > 0$ で下に凸であり，3つの頂点すべてがこの部分にあるとすれば，三角形の内部にある重心は曲線の上側に外れてしまうからです．3つの頂点すべてが曲線の $x < 0$ の部分にある場合も同様です．

　したがって，3つの頂点と重心を通る直角双曲線があるとすれば，必ず一方の枝の上に1つ，他方の枝の上に2つの頂点が乗っています．

　ここで，多くの解答者は三角形が正三角形であるとし，双曲線を含めた全体の図を重心のまわりに $120°$ 回転してみました．すると，単独で枝に乗っている頂点が別の枝に乗ることになるので，双曲線は別の双曲線に移ったことがわかります．$240°$ 回転したときも同様です．こうして，問題のような直角双曲線がもし1つあれば，少なくとも3つあることは明らかです．

　ところで，この論法では，直角双曲線が少なくとも1つ実際に存在することをきちんと示さなければなりません．それには具体的に計算するのが手っ取り早いでしょう．例えば，双曲線

$$x^2 - y^2 = 1 \tag{1}$$

上の3点 $A(2, \sqrt{3}), B(2, -\sqrt{3}), C(-1, 0)$ を結ぶ三角形は正三角形で，重心 $G(1, 0)$ も同じ双曲線上にあります．双曲線を G のまわりに $120°$，および $240°$ 回転してみると，2つの直角双曲線

$$x^2 - y^2 - 1 + 2\sqrt{3}\,(x - 2)y = 0, \tag{2}$$

$$x^2 - y^2 - 1 - 2\sqrt{3}\,(x - 2)y = 0 \tag{3}$$

を得ます(図1参照).

　さて，直角双曲線はほかにも描けるのでしょうか．試しに，(2)と(3)を辺々加えて2で割ると，方程式(1)を得ます．3つの双曲線は方程式として独立ではなく，(1)は(2)と(3)を $1:1$ の比で'配合'したものになっている，すなわち，3つは'線形関係'で結ばれているのです．これだけでは新しい双曲線は得られませんが，より一般に，p, q を $(p, q) \neq (0, 0)$ を満たす任意の実数の組として，(2)の両辺の

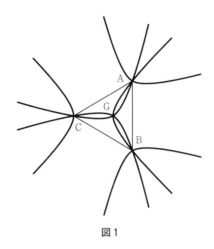

図1

p 倍と(3)の両辺の q 倍を辺々加えてみると，

$$(p+q)(x^2-y^2-1)+2\sqrt{3}(p-q)(x-2)y = 0$$

となり，これも式の形から直角双曲線であり，作り方から，4点 A, B, C, G を通ります．ここで $p:q$ の比を連続的に変化させると，無数の直角双曲線を得ます（ただし，後述するように，これらの曲線の中には直交する2直線がちょうど3つ含まれます）．

正三角形を構成する

浜松市の深川龍男さんは，与えられた直角双曲線に対して，3つの頂点と重心がその上にある正三角形を無数に構成する方法を述べています．

いま，直角双曲線 $xy=1$ 上に原点に関して対称な2つの点 $\mathrm{T}\left(t, \dfrac{1}{t}\right), \mathrm{T}'\left(-t, -\dfrac{1}{t}\right)$ を取り，T を中心として半径 TT′ の円と双曲線との T′ 以外の交点を $\mathrm{A}\left(\alpha, \dfrac{1}{\alpha}\right), \mathrm{B}\left(\beta, \dfrac{1}{\beta}\right), \mathrm{C}\left(\gamma, \dfrac{1}{\gamma}\right)$ とします．

円の方程式

$$(x-t)^2+\left(y-\frac{1}{t}\right)^2 = 4\left(t^2+\frac{1}{t^2}\right)^2$$

に $y = \dfrac{1}{x}$ を代入して得られる x の4次方程式

$$x^4-2tx^3+\left(-3t^2-\frac{3}{t^2}\right)x^2-\frac{2x}{t}+1=0$$

を考えると, $x=-t$ がその 1 つの根なので, 左辺を因数分解して

$$(x+t)\left(x^3-3tx^2-\frac{3x}{t^2}+\frac{1}{t}\right)=0$$

と変形でき, 残りの根 α, β, γ は根と係数の関係

$$\alpha+\beta+\gamma = 3t,$$

$$\alpha\beta+\beta\gamma+\gamma\alpha = -\frac{3}{t^2},$$

$$\alpha\beta\gamma = -\frac{1}{t}$$

を満たします. これらの式から,

$$\frac{\alpha+\beta+\gamma}{3} = t, \qquad \frac{1}{3}\left(\frac{1}{\alpha}+\frac{1}{\beta}+\frac{1}{\gamma}\right) = \frac{1}{t}$$

がわかり, したがって, 点 T は △ABC の重心です. 取り方から T は △ABC の外心でもあるので, △ABC は重心と外心が一致する三角形, すなわち正三角形となります. ここで, $t \neq 0$ を変化させると正三角形の向きが変わりますので, 逆に正三角形を固定して見た場合は, 3 つの頂点と重心を通る直角双曲線が無数にあるのです(なお, 一般に, 三角形の 3 つの頂点がある直角双曲線上にあれば, その三角形の垂心も同じ直角双曲線上にあります).

一般の三角形について

次に, △ABC が正三角形とは限らない一般の場合を考えてみましょう.

一般性を失うことなく, 3 つの頂点を $A(3\alpha, 3\beta), B(-1, 0), C(1, 0)$ とすることができます. $\beta > 0$ と仮定し, 3 頂点と重心 $G(\alpha, \beta)$ を通る直角双曲線を

$$ax^2+2hxy-ay^2+2fx+2gy+c=0$$

と置いて, $(a, h) \neq (0, 0)$ とします. これが B, C を通ることから

$$a+c-2f=0, \qquad a+c+2f=0$$

となり, $c=-a$, $f=0$ が導かれます. さらに, A, G を通ることから

$$18\alpha\beta h+6\beta g = (1-9\alpha^2-9\beta^2)a, \qquad 2\alpha\beta h+2\beta g = (1-\alpha^2-\beta^2)a$$

となります.

これは a, h, g についての連立 1 次方程式で，式が 2 つしかありませんが，同次方程式なので $a:h:g$ の比は求められます．実際，まず，$\alpha \neq 0$ の場合は

$$g = \frac{2}{3\beta}a, \qquad h = \frac{-1-3\alpha^2+3\beta^2}{6\alpha\beta}a$$

と解くことができ，双曲線は一意的に決まります（さらに詳しく見ると，$\triangle$ABC が二等辺三角形となる AB $= 2$ または AC $= 2$ の場合には直交する 2 直線に退化します）．

次に，$\alpha = 0$ の場合，h は消えて，g, a に関する条件

$$6\beta g - (1+9\beta^2)a = 0, \qquad 2\beta g - (1+\beta^2)a = 0$$

だけとなります．これは連立 1 次方程式で，これを解くと，まず $\triangle$ABC が正三角形となる $3\beta = \sqrt{3}$ の場合，条件は

$$g = \frac{2\sqrt{3}}{3}a$$

となり，これをもとの方程式に代入すると

$$a\left(x^2-y^2+\frac{4\sqrt{3}}{3}y-1\right)+2hxy = 0$$

となります．ここで，比 $a:h$ を動かすと無数の直角双曲線を得ます．

最後に，$3\beta \neq \sqrt{3}$ の場合，解は $g = a = 0$ となり，h は任意ですが，条件 $(a, h) \neq (0, 0)$ より方程式は $xy = 0$ となり，これは底辺 BC とその垂直二等分線 AG を表しています．

初等幾何的な考察

東京都の山田知己氏の解答は，初等幾何の幽玄な雰囲気を感じさせるものでした．

いま，任意の $\triangle$ABC をその 1 つの頂点が x 軸上の点 A$(2x_1, 0)$ となり，重心 G が原点に一致するように置き，GA の中点を M$_\text{A}(x_1, 0)$ とします．直角双曲線 $xy = k$ $(k \neq 0)$ を原点のまわりに反時計回りに θ 回転し，さらに原点が点 K(x_0, y_0) に移るように平行移動してできる双曲線

$$2(x-x_0)(y-y_0)\cos 2\theta - \{(x-x_0)^2-(y-y_0)^2\}\sin 2\theta = k$$

が $\triangle$ABC の各頂点と重心 G を通るものとすると，G と A を通ることから

$$\tan 2\theta = \frac{y_0}{x_0 - x_1}$$

が導かれます．したがって，双曲線の1つの漸近線は K から GA に平行に引いた直線と KM_A とがなす角を二等分します．同様に，GB の中点を M_B とすると，漸近線は K から GB に平行に引いた直線と KM_B とがなす角を二等分します．

これらの二等分線が同じ直線であることから，$\angle \text{AGB} = \angle \text{M}_A\text{KM}_B$ が導かれ，一方，AB の中点を M_{AB} とすると，$\angle \text{AGB} = \angle \text{M}_A\text{M}_{AB}\text{M}_B$ でもあるので，K は $\triangle \text{M}_A\text{M}_{AB}\text{M}_B$ の外接円上にあります．

同様に，GC の中点を M_C, BC の中点を M_{BC}, CA の中点を M_{CA} とすると，K は $\triangle \text{M}_B\text{M}_{BC}\text{M}_C$, $\triangle \text{M}_C\text{M}_{CA}\text{M}_A$ のそれぞれの外接円上にもあり，K は，もし存在すれば，これらの3つの円の交点となります．

$\triangle \text{ABC}$ が正三角形の場合，3つの円は一致してしまい，点 K の位置は確定しません（図2上参照）．

一方，$\triangle \text{ABC}$ が AB = AC を満たすが正三角形でない場合，3つの円の交点は B と C の中点 M に一致し，双曲線は2本の漸近線，AM と BC に退化してしまいます（図2中参照）．

最後に，$\triangle \text{ABC}$ が不等辺三角形の場合，2つの円の交点は2つできますが，第3の円上にもなければならないことから点 K は一意に確定するのです（図2下参照）．

こうして，漸近線の交点 K の一意性までは示されましたが，3つの円がたしかに交わること，その交点が条件を満たすことの証明は今後の課題とします．

変換の幾何学

大津市の栗原悠太郎氏の解答は，ある意味で問題の本質を突き，変換の幾何学の面目を大いに躍如させるものでした．

平行移動や回転はこの記事でもすでに何度か登場し，それによって正三角形は正三角形に移り，直角双曲線は直角双曲線に移るなどの性質を使いました．では，平面のある方向にだけ拡大または縮小する写像を考えるとどうでしょうか．このような写像の下では正三角形は脆弱性をもち，すなわち，どちらの方向にどのような倍率で写像してももはや正三角形としての形を保つことはできません．以下

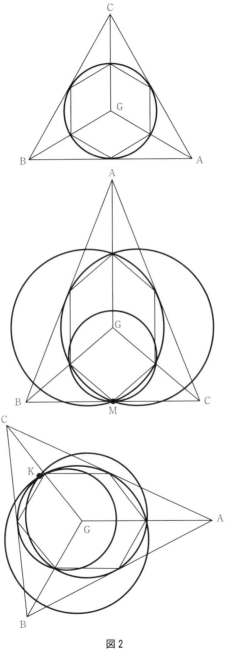

図 2

で使うのはそのような写像です.

　一般に, 平面上に 1 つの直線 ℓ があるとき, ℓ に平行な方向に k 倍 ($k > 0$, $k \neq 1$), ℓ に垂直な方向に 1 倍の倍率で拡大あるいは縮小する写像 s を, ℓ 方向への k 倍写像と呼ぶことにします.

命題 1　正三角形でない任意の三角形は, ある方向への適当な倍率の写像 s によって正三角形に移すことができる.

命題 2　△ABC が正三角形であり, G がその重心であるとき, 4 点 A, B, C, G を通る 2 次曲線は存在し, 直角双曲線またはそれが退化した直交する 2 直線となる. そして,

(i) 2 次曲線が直角双曲線となるとき, その漸近線はいずれも △ABC のいずれの辺とも平行ではなく, 逆に, △ABC のいずれの辺とも平行でない直交する 2 直線を指定すると, それらと平行な漸近線をもつ直角双曲線がただ 1 つ存在する.

(ii) 2 次曲線が直交する 2 直線に退化するとき, いずれかの直線は △ABC のいずれかの辺と平行になる.

　これらの命題は計算によって示すことができるので, 証明は省略します.

　さて, 一般の △ABC とその重心 G について, 4 点 A, B, C, G を通る直角双曲線がいくつあるかを考えましょう.

　△ABC が正三角形の場合, 命題 2 より, 直角双曲線は無数に存在します.

　△ABC が AB = AC を満たすが正三角形でない場合, A, B, C, G を通る直角双曲線 h があると仮定します. 写像 s を △ABC を正三角形に移す BC 方向への写像とします. h のいずれかの漸近線が BC と平行である場合, 曲線 $s(h)$ は漸近線の一方が $s(\text{BC})$ に平行な直角双曲線になりますが, そのような双曲線の存在は命題 2 に矛盾します. h のいずれの漸近線も BC と平行でない場合, 曲線 $s(h)$ は双曲線になりますが, 直角双曲線にはなりません. そのような双曲線の存在も命題 2 に矛盾します. いずれにしても矛盾を生じるため, A, B, C, G を通る直角双

曲線 h は存在しません.

　最後に，△ABC が不等辺三角形の場合，命題 1 のような写像 s をとります．BC 方向あるいは BC と垂直な方向への写像では関係 AB $\neq$ AC が保たれてしまうため，そのような写像では △ABC を正三角形に移すことはできません．辺 CA, AB についても同様です．したがって，s は △ABC のいずれの辺とも平行でも垂直でもない方向への写像です．すると，命題 2 により，4 点 $s(A), s(B),$ $s(C), s(G)$ を通る直角双曲線 h' であって，一方の漸近線の方向が s の変形方向に一致するものが一意的に存在することがわかります．s の逆写像を s^{-1} とすると，$s^{-1}(h')$ は 4 点 A, B, C, G を通る直角双曲線となります．

　もし，A, B, C, G を通る直角双曲線 h がもう 1 つあったとすると，一意性により h の漸近線はいずれも s の変形方向に平行ではないので，$s(h)$ は 4 点 $s(A),$ $s(B), s(C), s(G)$ を通る直角双曲線ではない双曲線になり，そのような双曲線の存在は命題 2 に矛盾します．よって，A, B, C, G を通る直角双曲線はただ 1 つしか存在しません．

その他の解答など

　重心座標を用いた解答のうち，長岡京市のクスコ氏が示した計算は，複素数 $\omega = \dfrac{-1 + \sqrt{3}\,i}{2}$，行列の行列式（determinant），恒久式（permanent）を援用した巧みなものでした．また，重心座標について，下記の文献[1]を教えていただきました.

　各務原市の横山髙秀氏は学生時代に受講した栗田稔先生（故人）の 2 次曲線論の講義ノートを紐解いて計算したとのことでした.

　本問で扱った直角双曲線は，三角形の Kiepert 双曲線と呼ばれ，三角形の 3 頂点と重心だけでなく，垂心，フェルマー点，ナポレオン点などを通ることが知られています．Kiepert の定理は初等幾何における非常に美しい定理です．筆者はこのことを 2016 年 4 月 23 日に秋葉原で行われた「数学教育談話会」における一松信先生の講演「三角形の"心"について」で教えていただきました.

参考文献

　[1] 一松信, 畦柳和生『重心座標による幾何学』現代数学社, 2014.

解答篇

19 出題者 徳重典英

一辺の長さが1よりわずかに小さい正三角
形の壁穴があります．一辺の長さが1の正四
面体は，この壁穴を通過できるでしょうか.

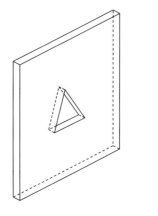

答は「通過できる」です．応募者は20代5名，30代2名，40代14名，50代12名，60代3名，70代5名，80代2名の合計43名でした．このうち再現可能な正しい通過手順を見つけた26名の方を正解者とします．

はじめに記号の約束として，三次元空間の点 P を xy 平面に正射影した点を P′ と書くことにします．つまり，P $= (x, y, z)$ なら，P′ $= (x, y, 0)$ です．早速，「通過できる」ことを示してみましょう．

一辺が1の正四面体 T の四頂点を A, B, C, D とします．AB の中点を O（原点），CD の中点を M とし，OA 方向に x 軸，OM 方向に y 軸をとります（次ページ図1）．このとき，OM $= 1/\sqrt{2}$ で，四面体 T を xy 平面に正射影すると図2のようになります．比較のために，破線で一辺が1の正三角形を描いてあります．ここで，OM を y 軸上に固定したまま T を y 軸の周りに角 θ だけ回転します．A′B′ $= \cos\theta$，C′D′ $= \sin\theta$ なので，θ が十分小さいとき，回転後の状態を xy 平面に正射影すると図3（172ページ）のようになります．さらに T を y 軸方向に少しだけ平行移動すると，T の xy 平面への正射影は，破線の正三角形の（周上を除く）内部に含まれます．したがって，ここから T を z 軸方向に平行移動すると，xy 平面上

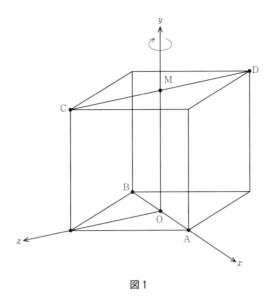

図 1

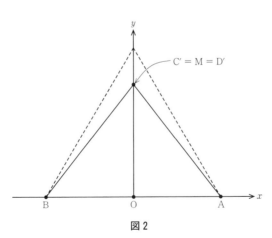

図 2

の一辺が 1 より小さい正三角形の壁穴を通過できることがわかります.

（証明終わり）

次に，上記の方法で得られる壁穴のサイズを具体的に計算してみましょう．図

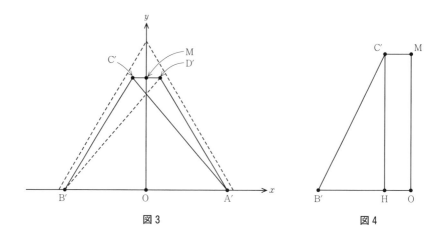

図3   図4

3において C' から x 軸に下ろした垂線の足を H とする（図4）と

$$HC' = OM = \frac{1}{\sqrt{2}},$$

$$B'H = B'O - HO = \frac{A'B' - C'D'}{2} = \frac{\cos\theta - \sin\theta}{2}$$

です．ここで $\angle C'B'H = \pi/3$ の場合を考えます．このとき $HC' = \sqrt{3}B'H$，つまり

$$\frac{1}{\sqrt{2}} = \frac{\sqrt{3}(\cos\theta - \sin\theta)}{2}.$$

$\cos\theta = x$, $\sin\theta = \sqrt{1 - x^2}$ とおいて代入，整理すると，

$$x^2 - \sqrt{\frac{2}{3}}x - \frac{1}{6} = 0$$

となり，この二次方程式は唯一の正根

$$\alpha = \frac{1 + \sqrt{2}}{\sqrt{6}} \approx 0.985599$$

をもちます．つまり，四面体 T は一辺が $\alpha = A'B'$ の正三角形の壁穴を通過できるのです．

　上の議論から，四面体 T は一辺 α の正三角形の壁穴を，壁に垂直な方向の平行移動だけで通過します．見方を変えると，一辺 α の正三角形を底面に持つ（中空

の)三角柱の中に，一辺 1 の正四面体 T を埋め込めるのです．これを α 型の埋め込みと呼ぶことにします．この埋め込みでは，T の頂点のうち A と B が三角柱の稜線上にあり，三角柱のどの側面にも T の頂点がちょうど 2 個あります．

これとは異なる方法で，一辺が

$$\beta = \frac{\sqrt{3}+3\sqrt{2}}{6} \approx 0.995782$$

の正三角形を底面に持つ三角柱に T を埋め込むことができます．それには，T の四頂点を

$$A = \left(\frac{\sqrt{2}}{3}, 0, \frac{1}{3}\right), \qquad B = \left(-\frac{\sqrt{3}+\sqrt{2}}{6}, 0, \frac{\sqrt{6}-1}{6}\right),$$

$$C = \left(\frac{\sqrt{3}-\sqrt{2}}{6}, 0, -\frac{\sqrt{6}+1}{6}\right), \quad D = \left(0, \frac{\sqrt{6}}{3}, 0\right)$$

と配置します．このとき，T の xy 平面への正射影は

$$A' = \left(\frac{\sqrt{2}}{3}, 0, 0\right), \quad B' = \left(-\frac{\sqrt{3}+\sqrt{2}}{6}, 0, 0\right),$$

$$E = \left(-\frac{\sqrt{3}-\sqrt{2}}{12}, \frac{\sqrt{6}+1}{4}, 0\right)$$

を頂点とする一辺 β の正三角形に含まれます(図 5)．

これを β 型の埋め込みと呼びます．この埋め込みでは，A と B が三角柱の稜

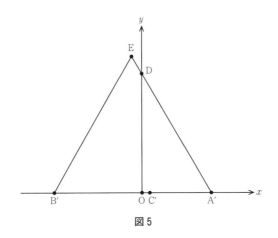

図 5

線上にあり，A, B, C は三角柱の同じ側面上にあります．

正解者の解答を分類すると，α 型の埋め込みによるものが 13 名，β 型が 5 名，α 型も β 型も見つけたのが 2 名（ζ さんと上村拓さん），その他の方法が 6 名でした．

さてこの問題の背景を説明しましょう．2008 年 2 月頃，隣の研究室の前原潤先生が，厚紙で作った正四面体（一辺 7 cm）と，壁穴（一辺 6.9 cm）を持ってきて，正四面体がその面より小さい壁穴を通過するのを見せてくれました．これは面白い，と思ってふたりでいろいろ考えた結果，次のことがわかりました[3, 4]．

「一辺が 1 の正四面体が正三角形の壁穴を通過できる必要十分条件は，壁穴の一辺が $(1+\sqrt{2})/\sqrt{6}$ 以上であることである．」

証明は完全に初等的で，ていねいにやれば高校生でも納得できるようなものですが，少し長いのでここでは述べません．そのかわり，証明のポイントと，関連する話題を紹介しましょう．まず，三角形の壁穴には，次に挙げる特殊な性質があることに注意します．

「三角形（正三角形でなくてよい）の壁穴を凸な物体が通過できるなら，その物体は，壁に垂直な方向の平行移動だけで壁穴を通過できる．」

証明は難しくありませんが，回転がまったく役に立たないというのは，私にとっては非常に意外だったので，なかなかこの事実に気づきませんでした．この性質を用いると，正三角形の壁穴で最小なものを見つける問題は，

「なるべく小さい正三角形を底面に持つ三角柱で，一辺 1 の正四面体 T を含むものを見つけよ」

という問題に帰着します．もし，T の三頂点が三角柱の一つの側面上にあれば，そのような性質の最小の三角柱は β 型の埋め込みになることが示せます．そこで三角柱のどの側面にも，T の頂点は高々 2 個しかないとします．もしこれが α 型の埋め込みでなければ，T を三角柱の内部で動かして，T のどの頂点も三角柱の側面上にないようにできること，つまり，T を含んだまま三角柱をもっと小さくできることを示します．β 型の埋め込みから，T を動かして α 型の埋め込みを直接実現することはできません．この意味で，この二つの埋め込みは証明に不可欠なものです．

174

János Pach は,

「小石が壁穴を平行移動で通過するなら, 壁穴に垂直な方向の平行移動でも通過できるか?」

と問いました[1]. これは, 小石と壁穴がどちらも凸であれば正しいことがわかっています. 同様の問題を 4 次元以上のユークリッド空間でも考えることができますが, 高次元では凸の仮定をつけても通過できるとは限りません. ただし, 通過できないのはどんな場合なのか, 詳しいことはわかっていないようです.

ζ さんは壁穴が円や正方形の場合はどうなるのか考えてみたが, 結論が得られず「大変困っている」と述べています. 実はこれについては, Itoh-Tanoue-Zamfirescu によって解決しています[2]. 円形の穴の場合は次のようになります.

「一辺 1 の正四面体 T が通過できる円形の穴の半径の最小値は $r \approx 0.4478$ である. ただし, r は方程式 $216x^6 - 9x^4 + 38x^2 - 9 = 0$ の根である.」

T を頂点のひとつを通る平面で切ると, その切断面は三角形になります. この三角形の外接円の半径の最小値が上の r なのです. 方程式が複雑でちょっとびっくりしますが, 最小の外接円をもつ切断面は二等辺三角形になることに注意すると証明は難しくありません. なお, 半径 r の穴を T が通過するには, 回転運動が必須で, 平行移動だけでは通過できません.

一方, 図 1 からもわかるとおり, 一辺が 1 の正四面体 T は一辺が $1/\sqrt{2}$ の立方体に埋め込めます. したがって T は一辺が $1/\sqrt{2}$ の正方形の壁穴を壁に垂直な方向の平行移動だけで通過できます. 実は, これより小さい正方形の壁穴は通過できません. 証明は円形の壁穴の場合より少し面倒になります. この問題の高次元版は, アダマール予想(n が 4 の倍数なら, n 次の正方行列で ±1 のみを成分にもち, どの 2 行も直交しているものが存在するという予想)と関連があります.

ところで, 私も厚紙で正四面体と壁穴を作ってずいぶん遊びました. しかし, 誤差の影響で厳密な模型ではあり得ないことが起きたりします. それもパズルとしては楽しいのですが, やはりより正確な模型を木とかアクリルで作って, 例えば内法の一辺が 6.9 cm の正三角柱の中を一辺 7 cm の正四面体がすべっていくのを見てみたいものです. このような模型を私は作れる, あるいは作れるところを知っているという方はお知らせください.

（**後日談**） その後，中川宏氏作成の精密な木工模型を一松信先生が送ってくださいました．どうもありがとうございました．

参考文献

［1］ J. Pach. Problem session. Tagung über konvexe Körper. Oberwolfach, 1984.
［2］ J. Itoh, Y. Tanoue, T. Zamfirescu. "Tetrahedra passing through a circular or square hole". *Rend. Circ. Mat. Palermo* (2) *Suppl.* 77 (2006), 349-354.
［3］ H. Maehara, N. Tokushige. "Classification of the congruent embeddings of a tetrahedron into a triangular prism". *Graphs Combin.* 27 (2011), 451-463.
［4］ I. Bárány, H. Maehara, N. Tokushige. "Tetrahedra passing through a triangular hole, and tetrahedra fixed by a planar frame". *Comput. Geom.* 45 (2012), 14-20.

20 出題者 天羽雅昭

縁のない正方形 S を用意し（どこにある？），それを次の2つの条件が満たされるように無限個の部分 $S_1, S_2, S_3, \cdots$ に分けてください．

(1) 各 S_n は1つの部分からなる（最小単位は1点）．
(2) これらを適当に配置し直すと，縁のある正方形になる．

註 念のために，縁（境界）のある正方形と縁のない正方形とは何かを明確にしておきましょう．xy 平面上の正方形

$$\{(x, y) \mid 0 \leqq x, y \leqq 1\},$$
$$\{(x, y) \mid 0 < x, y < 1\}$$

は，それぞれ縁あり，縁なしです．

解答を寄せてくださったのは，10代2名，20代7名，30代7名，40代12名，50代6名，60代6名，70代1名の合計41名でした．正解者は，29名でした．

まず，本問の1次元版（の類似）を考えましょう．すなわち，開区間 $(0, 1)$ を可算無限個の部分に分割し，それらを並べ換えることで，半開区間 $(0, 1]$ にしてしまおうと思います．$a_n = 2^{-n}$ $(n = 1, 2, 3, \cdots)$ とおき，開区間 $(0, 1)$ から可算無限個の点 $P_n = \{x = 2^{-n}\}$ $(n = 1, 2, 3, \cdots)$ を取ります．すると，開区間 $(0, 1)$ は可算無限個の点と可算無限個の開区間に分割されます．このとき，開区間たちはそのままにして，

$$P_1 \to \{x = 1\}, \quad P_2 \to P_1, \quad P_3 \to P_2, \quad \cdots$$

という点の並べ変えをすれば，無限操作のマジックによって，半開区間 $(0, 1]$ が得られます．これに対して，次のような別解も考えられます．上記の a_n を用いて，半開区間の列 $S_n = [a_n, a_{n-1})$ $(n = 1, 2, \cdots)$ を取ると（ただし，$a_0 = 1$），開区間 $(0, 1)$ は S_n たちに分割されます（次ページ図1）．そして，各 S_n をその中心の回りに $180°$ 回転させると，

$$\bigcup_{n=1}^{\infty} (a_n, a_{n-1}] = (0, 1]$$

より，これまた半開区間 $(0, 1]$ に変貌を遂げます（図2）．

第一の解でのように，ある可算無限集合から別の可算無限集合へ，何らかのう

図1　　　　　　　　　　　　　図2

まい方法で1対1対応を付ける論法のことを(兵庫県・宇城隆氏の表現を借りて)「ヒルベルトの宿屋論法」と呼ぶことにします．これに対して，第二の解で用いた方法は「回れ右(左)論法」とでも呼ぶべきものです．

　では，本問の解答に移りましょう．以下で，開正方形 S を $\{(x,y) \mid 0 < x, y < 1\}$ とします．最初に紹介する解は，S が開区間 $(0,1)$ の直積であることに注目して，上述の第一の解法を2次元化したものと見なせるもので，「ヒルベルトの宿屋論法」を使います．各自然数 n に対して直線 $x = 2^{-n}$ および直線 $y = 2^{-n}$ を取ります．そして，これらの直線群によって，S を点 $P_{ij} = (2^{-i}, 2^{-j})$，開区間

$$I_{ij} = \{(x,y) \mid 2^{-i} < x < 2^{-(i-1)}, \ y = 2^{-j}\},$$

$$J_{ij} = \{(x,y) \mid x = 2^{-i}, \ 2^{-j} < y < 2^{-(j-1)}\}$$

(ただし，i, j は自然数)および残りの開長方形たちに分割します(可算無限個の部分からなる)．ここで，多摩市・橋詰節子氏に従って，開区間 $(0,1)$ から閉区間 $[0,1]$ への全単射 φ を，

$$\varphi\left(\frac{1}{2}\right) = 0, \qquad \varphi(2^{-i}) = 2^{2-i} \qquad (i = 2, 3, \cdots),$$

$$\varphi(x) = x \qquad (x \neq 2^{-i}, \ i = 1, 2, \cdots)$$

によって定義します．このとき，開長方形たちはそのままにして，P_{ij}, I_{ij}, J_{ij} たちをそれぞれ

$$(\varphi(2^{-i}), \varphi(2^{-j})),$$

$$\{(x,y) \mid 2^{-i} < x < 2^{-(i-1)}, \ y = \varphi(2^{-j})\},$$

$$\{(x,y) \mid x = \varphi(2^{-j}), \ 2^{-j} < y < 2^{-(j-1)}\}$$

に移せば，S は閉正方形に生まれ変わります．うまいものです．桶川市・秋山佳子，更埴市・山岸昭善，横浜市・水谷一，高岡市・渡辺昇，橋詰の各氏がこのような解答を寄せられました．

　次に紹介する解は，「ヒルベルトの宿屋論法」をうまく使えば，本問が，本問の1次元版と本質的に同等な問題であることを見抜いたもので(筆者は見抜けなか

178

った），前橋市・鈴木元男，観音寺市・香川小三元，堺市・湊泰生，東京都・ζ，水谷，東京都・金田光史の各氏によって与えられました．S の内部に，長さ 1 の半開区間を可算無限個取り，S_n（$n = 2, 3, \cdots$）と名付けます．S から S_n（$n = 2, 3, \cdots$）たちを取り除いた部分を S_1 とすれば，S は可算無限個の部分 S_n（$n = 1, 2, \cdots$）に分割されます（図 3）．各 S_n は 1 つの部分からなっていますから，条件 (1) はクリアされます．そして，S_n たちを，S_1 はそのままにして，S_2, S_3, S_4, S_5 を正方形の 4 辺の位置に配置し，S_n（$n = 6, 7, \cdots$）を S_{n-4} のあった位置に配置すれば，閉正方形が出来上ります（図 4）．見事ですね．

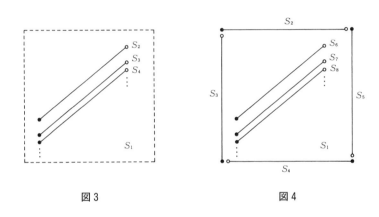

図 3　　　　　　　　図 4

さて，今度は「回れ右論法」を使った解を紹介しましょう．まず，図 5（次ページ）のように，S を S の中心，4 つの開区間，4 つの開正方形に分割します．S の中心以外の部分は，図の右上の開正方形とその下の開区間を基本単位として，他の部分はこれを S の中心の回りに $90°, 180°, 270°$ 回転して得られることに注意します．そして，基本単位の部分を，開区間は図 2 のように分割し，開正方形は図 6 のように分割します．他の部分の分割は，これを上記のように回転させて得られるものとします．こうして S は，1 点，可算無限個の半開区間，および可算無限個の半開長方形に分割されます．これらに「回れ右論法」を適用すれば（各長方形についても，その中心の回りに $180°$ 回転させる），めでたく閉正方形が誕生します．大阪市・大久保武志，金沢市・Chopin 野茂，小田原市・古谷仁嗣，横浜市・yk，福井市・森茂，つくば市・矢崎忍，川崎市・岡部太郎，大阪市・石田等の各

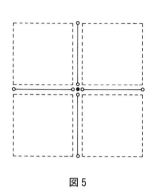

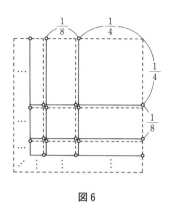

図 5　　　　　　　　　　　　　　図 6

氏がこのような解答を寄せられました．ひとたび S が分割されたら，後は「回れ右！」の号令の元にパッと閉正方形に変身する鮮やかさがありますね．

　上記で紹介した以外の方法で興味深かったものとして，S をフラクタル的に縮小する小正方形たちに分割する方法があり，数人の方がチャレンジされていました．ただし，微妙な問題点があって，成功されたのは新潟県・尾神岳氏のみでした（詳細を紹介できなくて申し訳ありません）．

　さて，本問は「無限操作を含む数学パズル」のつもりで出題しました．筆者は，S を有限個の部分に分けて，本問と同様のことをするのは不可能であろう，と漠然と思っていました．ところがどっこい，そうではないことを，水谷氏が示してくださいました．最後にそれを（少し変えて）紹介します．S を今までとちょっと変えて，$\{(x,y) \mid -1 < x, y < 1\}$ とします．$I = \{(x,0) \mid 0 < x \leqq 1/2\}$ とし，これを原点の回りに $n\alpha$ 回転したものを I_n とおきます．ただし，α は π/α が無理数となるような正の実数で，n は整数を動きます．ここで，

　　$S_n = I_{n-1}$ 　　　$(n = 1, \cdots, 16)$，

　　$S_{17} = \{(0,0)\} \cup \left(\overset{\infty}{\underset{n=16}{\cup}} I_n \right)$，　　$S_{18} = S - \overset{17}{\underset{n=1}{\cup}} S_n$

とおけば，S は有限個の部分 $S_1, \cdots, S_{18}$ に分割されます．そして，S_{18} はそのままにし，$S_1, \cdots, S_{16}$ を S の境界に敷き詰め，さらに S_{17} を原点の回りに -16α 回転させれば，どうです，閉正方形になるでしょう！　恐れ入りました．

21 出題者 小谷善行

チェス（西洋将棋）を使ったパズルに，ナイト・ツアー（あるいは桂馬道）がある．チェスのナイト（knight）という駒は，縦方向2歩＋横方向1歩，または横方向2歩＋縦方向1歩離れたマス目に移動できる．これで縦横8×8のチェス盤のマス目すべてを1回ずつ訪れて元のマス目に戻るループを作る問題である．

今回，似たようなことを将棋の駒でできないか考える．将棋の王という駒は回り8箇所に動ける．王は，9×9マスの将棋盤81マスを1回ずつ訪れて元に戻れる（金なども同様）．縦と横にしか動けない飛車という駒は，どのようにしても80マスの周遊しかできない（なぜでしょう）．

ここで，よく分かりにくいのが銀という駒である．図のように斜めと直進1歩の動きが

できる．今回は，「銀が将棋盤のマス目を1回ずつ訪れて元に戻る経路で，回るマス目の数についての最大値を示せ」という課題である．

ある経路を示していただいて結構だが，それが最大値であることを証明しなくてはならない．

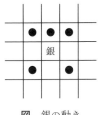

図　銀の動き

将棋の銀という駒の将棋盤上での周遊する経路を示すのが，今回の課題であった．その最長の経路はどんな長さなのだろうか．

今回の解答者数は，20代1名，30代6名，40代6名，50代11名，60代12名，70代2名，80代2名，グループ1組（学生なので20代と思われる4名）の合計41組であった．

証明まで，正しく解答したものは24通あり，最大値の経路を示すところまでできているものは14通あった．また，不正解は3通であった．

最長周遊歩数は72歩

結論をいうと，銀の周遊のマス目数の最大値は72である．将棋盤の81マスのうち，どのようにしても9マスは到達できないのである．

周遊の経路はいくつもある．ここではいただいた解答のなかから特徴的なものを三つ紹介する．それぞれ，規則的になっていて，ほかのサイズの長方形に考え

方を適用できるものである（図1）.

　この問題について，出題者が考えていた証明は，盤面を，各行について互い違いに色づけするもので（図2），銀が1手進むごとマス目の色が反転することを使ったものであった.

　ここで行とは，水平方向のマスの並び9個のことである．将棋用語では，「段」

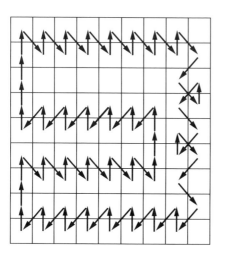

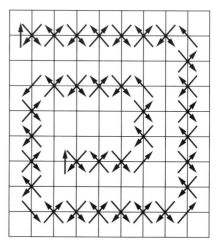

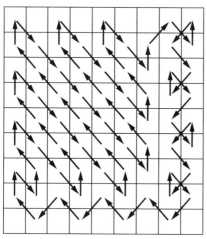

図1　銀の周遊3種（荻原紹夫氏（左上），鈴木豊氏（右上），千葉隆氏（左下）の作）

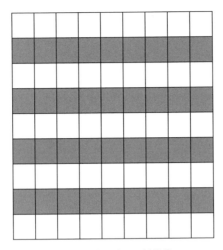

図2 横縞に塗った将棋盤

という．

　結果的に，エレガントな解答として見てみると，どれもこの横縞のマスの考え方，またはそれに近い考え方によるものであった．横のマス目の繋がりを使わない考え方と言えるような証明はなかった．

最長72歩の証明

　ここでは二つの解答を示す．まず，もっともすっきりした表現で証明した，野崎雄太氏の解答である．

証明　まず，将棋盤のマス目を白黒に塗り分ける（図2）．ここで銀は横方向へ動けないから，白と黒を交互に訪れる．よって同じマスを訪れることなく元に戻る経路の長さは，

　　　$\min$(白マスの数, 黒マスの数)$\times 2 = 36 \times 2 = 72$

である．一方，長さ72の経路は存在する（略）．

　したがって，回るマス目の数の最大値は72である．　　　　　　　■

　次に，横の段という考えを使うがマスの色を交互に訪れるという考えを使わな

い，ζ氏の証明を紹介しよう．

証明　銀の移動で，将棋盤の k 段目と $k+1$ 段目の境目を横切る回数を a_k とする．このとき，経路はループになっているので，また訪れるマス目の数は，歩数と同じだから，

　　　回るマス目の個数 $= a_1 + a_2 + \cdots + a_8$

と表せる．一方，銀は横に進めないから，k 段目に入った銀は次の 1 手で上か下に進む．よって経路に含まれる k 段目のマス目の総数は $\dfrac{a_{k-1}+a_k}{2}$ となり，この値は 9 以下である．したがって

$$a_1 + a_2 + \cdots + a_8 = (a_1 + a_2) + (a_3 + a_4) + (a_5 + a_6) + (a_7 + a_8)$$

$$\leqq 4 \cdot 2 \cdot 9$$

より，回るマス目は 72 以下である．　　　　　　　　■

長方形一般の最長経路など

　この問題について，いくつかの話題を述べよう．指兼氏により，全部の長方形における銀の周遊の最長路が求められている．それによると，縦 x マス × 横 y マスの長方形の最長経路を $P(x, y)$ とすると，

$$P(2m+1, n) = 2mn \qquad (m \geqq 1,\ n \geqq 2)$$
$$P(2m, n) = 2mn - 2 \qquad (m \geqq 2,\ n \geqq 2)$$
$$P(2, 2n) = P(2, 2n+1) = 4n \qquad (n \geqq 1)$$
$$P(m, 1) = P(1, n) = 0 \qquad (m, n \geqq 1)$$

である．

　このなかで，2 行目にあるように，縦が偶数の長方形でも 2 マスだけ行けないところがあるのが興味深い．

　準備問題の飛車の周遊についても，解答されていた方が何人かおられた．これは図 3 のように，市松模様（チェッカーボード模様）に塗る．飛車は縦と横にしか進めないので，白マスと黒マスを交互に訪れることになり，80 マスの周遊しかできないわけである．

　飛車の周遊は，銀の周遊を解くにあたってのよい導入になったという意見があった．しかしその反面，これに引きずられて，銀の周遊をこの市松模様で解こう

図 3 市松模様に塗った将棋盤

としてうまく行かなかった人がいた.

間違った証明を行った人が数人おられた. 同じ論理を縦横が偶数の長さの盤に適用してみて, それが成立するならどこか変, ということになる.

このような将棋駒の周遊の問題として, 面白い問題は, あと残るのが角である. 角は斜めにだけ進める駒である. これも考えてみて欲しい.

浅井哲也

つぎの事実はよく知られたことなのでしょうか. 私はつい最近になって初めて知って大いに感激しました.

正7角形の対角線の長さには, 辺の長さも含めると3種類あるが, それを短いものから順に a, b, c とする. このとき, つぎの等式が成り立つ.

$$\frac{1}{a} = \frac{1}{b} + \frac{1}{c}$$

たいへん美しい関係なので, いろいろ試し

てみたところ, やっと正23角形で似た関係を見つけました. ここからが問題です. つぎの事実を証明してください.

正23角形の対角線の長さには, 辺の長さも含めると11種類あるが, それを短いものから順に $a_1, a_2, \cdots, a_{11}$ とする. このとき, つぎの等式が成り立つ.

$$\frac{1}{a_1} + \frac{1}{a_3} + \frac{1}{a_9} + \frac{1}{a_{10}}$$
$$= \frac{1}{a_2} + \frac{1}{a_4} + \frac{1}{a_5} + \frac{1}{a_6} + \frac{1}{a_7} + \frac{1}{a_8} + \frac{1}{a_{11}}$$

はじめに「正7角形調和」(と呼ぶことにします)の定理をあらためて鑑賞しておきます.

正7角形の頂点を順に A, B, C, D, E, F, G として4辺形 ABCF に注目します.

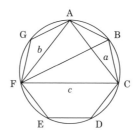

対角線を含めた6辺形は3つの異なる2等辺3角形が交錯する特別な図形です.

$$a = \overline{AB} = \overline{BC}, \qquad b = \overline{AC} = \overline{AF}, \qquad c = \overline{BF} = \overline{CF}$$

とおいて, これにトレミーの定理「円に内接する4辺形の2組の対辺どうしの積の和は対角線どうしの積に等しい」を適用すると,

$$ab + ac = bc$$

という関係が得られます. この両辺を abc で割ったものが正7角形調和の等式で

す．定理も美しいですが，証明も鮮やかです．

　もちろん一般化を含めて古典的な定理なのでしょうが，不勉強にも私は何人か
の先生方を介して最近になって初めて知りました．最近話題になったのは数年前
の某大学の入試問題が発端のようです．盛岡の先生方の間で一時話題になったこ
ともあったと聞きました．私自身はトレミーの定理に先立ってガウス和に行き着
きました．正7角形調和を三角関数で表すとつぎのようになります．

$$\frac{1}{\sin\theta}+\frac{1}{\sin 2\theta}-\frac{1}{\sin 3\theta}=0 \qquad \left(\theta=\frac{2\pi}{7}\right)$$

これが対照的なつぎの等式（ガウス和）であれば，むしろ驚きませんでした．

$$2\sin\theta+2\sin 2\theta-2\sin 3\theta=\sqrt{7} \qquad \left(\theta=\frac{2\pi}{7}\right)$$

　ガウス和との関連が見えてきて，ますます「正7角形調和」への敬愛と感動が
高まりました．それで今回の出題になったというわけです．

　さて，正23角形への拡張というやや技巧を要する問題であったにもかかわら
ず，熱気に満ちた多数の応募解答をいただき感激しています．応募39通の内訳
は，10代1名，20代2名，30代1名，40代12名，50代16名，60代2名，70代
3名，80代1名，不詳1名，そのうち34通を正解と判定しました．

　私もcotの半角公式の利用までは何とか気付いていましたが，「倍角進行」によ
る究極のエレガント解答（解答2）には思い至りませんでした．東京都・暗算鬼眼
氏，神戸市・八橋毅氏ら（ほか多数！）の名答には脱帽です．しかし一番驚いたの
は正7角形の場合と同様にトレミーの定理で片付けてしまった豊前市・林道弘氏
のお手並みです．解明した後でも溜息が出ました．手順としてはやや長いのです
が，これを解答1として解答2と関連付けて紹介します．符号に平方剰余記号を
見出されたのは札幌市・トポス氏と横浜市・水谷一氏です．私自身の用意した解
答もこれに近いので，総合的に解答3として解説します．少しだけ整数論からの
準備を必要とするので簡明さの点ではエレガント解答1,2には及びませんが，数
論的側面がこの問題の1つの本質なので，興味があると思います．

　そのほかにも津山市・作陽高生氏ら数編のユニークな解答があり，また，エレ

ファント解答も含めて独自の工夫にたびたび出会いました。一つ一つ紹介はできませんが、いつもながら多士済々の『数セミ』読者には感服です。

　以下、単位円に内接する正23角形を考えるものとし、$\alpha = \dfrac{\pi}{23}$ とする。円弧 $2k\alpha$ $(1 \leqq k \leqq 22)$ に対する弦の長さは $a_k = 2\sin k\alpha$ である。各弦には優弧と劣弧があるが、それに応じて $a_k = a_{23-k}$ である。a_k $(1 \leqq k \leqq 11)$ が正23角形の11本の対角線になっている。

　$\sin, \cos$ のほかに三角関数 $\cot$（コタンジェント）および $\csc$（コセカント）を用いる。

$$\cot \theta = \frac{\cos \theta}{\sin \theta}, \qquad \csc \theta = \operatorname{cosec} \theta = \frac{1}{\sin \theta}.$$

解答 1

　正23角形の23個の頂点のうち4つの頂点を結んで得られる4辺形にトレミーの定理「二組の対辺の積の和は対角線の積に等しい」を適用すると、それぞれ固有のトレミー方程式（と呼ぶことにします）が対応する。4辺を a_i, a_j, a_k, a_l、対角線を a_m, a_n とすれば、それらはつぎのような形をしている。

$$a_i a_j + a_k a_l = a_m a_n,$$
$$i+j+k+l = 23,$$
$$i+k = m,$$
$$i+l = n, \qquad (1 \leqq i, j, k, l \leqq 22)$$

ただし添数が11を超えるときは、$a_h = a_{23-h}$ と読み替えることができる。例えば、$a_1 a_2 + a_1 a_{19} = a_2 a_{20}$ は $a_1 a_2 + a_1 a_4 = a_2 a_3$ と表される。

　このような4辺形で合同でないものは全部で220種類あるが、このうち対角線を引いたときに2組の2等辺三角形が絡み合うものがちょうど11種類ある。対応するトレミー方程式のなかから特につぎの5本を選ぶ。この選び方については後で注意する。

$$a_1 a_2 + a_1 a_4 = a_2 a_3, \qquad a_4 a_7 + a_4 a_8 = a_8 a_{11},$$
$$a_2 a_9 + a_5 a_7 = a_7 a_9, \qquad a_3 a_5 + a_5 a_{10} = a_8 a_{10},$$

$$a_3 a_6 + a_3 a_{11} = a_6 a_9.$$

これらをそれぞれ $a_1 a_2 a_4,\, a_4 a_7 a_8,\, a_5 a_7 a_9,\, a_3 a_5 a_{10},\, a_3 a_6 a_{11}$ で割ってつぎの形にする.

$$\frac{1}{a_2} + \frac{1}{a_4} = \frac{a_3}{a_1 a_4}, \qquad \frac{1}{a_8} + \frac{1}{a_7} = \frac{a_{11}}{a_4 a_7},$$

$$-\frac{1}{a_9} + \frac{1}{a_5} = \frac{a_2}{a_5 a_7}, \qquad -\frac{1}{a_{10}} - \frac{1}{a_3} = -\frac{a_8}{a_3 a_5},$$

$$\frac{1}{a_6} + \frac{1}{a_{11}} = \frac{a_9}{a_3 a_{11}}.$$

そしてこれらの等式の辺々を加えるのである.右辺の和を計算するときには,分母の共通因子に注意しながら順々に加えて行く.途中で再び新たなトレミー方程式を用いることになるが,これは自然と現われるので困難はない.

2つ目の計算を例にとると,

$$a_1 a_2 + a_5 a_8 = a_1 a_2 + a_5 a_{15} = a_6 a_{16} = a_6 a_7$$

となる.

$$\frac{a_3}{a_1 a_4} + \frac{a_{11}}{a_4 a_7} = \frac{a_1 a_{11} + a_3 a_7}{a_4 a_1 a_7} = \frac{a_4 a_8}{a_4 a_1 a_7} = \frac{a_8}{a_1 a_7},$$

$$\frac{a_8}{a_1 a_7} + \frac{a_2}{a_5 a_7} = \frac{a_1 a_2 + a_5 a_8}{a_7 a_1 a_5} = \frac{a_6 a_7}{a_7 a_1 a_5} = \frac{a_6}{a_1 a_5},$$

$$\frac{a_6}{a_1 a_5} - \frac{a_8}{a_3 a_5} = \frac{a_3 a_6 - a_1 a_8}{a_5 a_1 a_3} = \frac{a_2 a_5}{a_5 a_1 a_3} = \frac{a_2}{a_1 a_3},$$

$$\frac{a_2}{a_1 a_3} + \frac{a_9}{a_3 a_{11}} = \frac{a_1 a_9 + a_2 a_{11}}{a_3 a_1 a_{11}} = \frac{a_3 a_{11}}{a_3 a_1 a_{11}} = \frac{1}{a_1}.$$

新たに用いたトレミー方程式は,つぎの4本である.

$$a_1 a_{11} + a_3 a_7 = a_4 a_8, \qquad a_1 a_2 + a_5 a_8 = a_6 a_7,$$

$$a_1 a_8 + a_2 a_5 = a_3 a_6, \qquad a_1 a_9 + a_2 a_{11} = a_3 a_{11}.$$

最後に左辺と右辺の計算結果を合わせれば

$$\frac{1}{a_2} + \frac{1}{a_4} + \frac{1}{a_8} + \frac{1}{a_7} - \frac{1}{a_9} + \frac{1}{a_5} - \frac{1}{a_{10}} - \frac{1}{a_3} + \frac{1}{a_6} + \frac{1}{a_{11}} = \frac{1}{a_1} \qquad \cdots(\bigstar)$$

となって正23角形の調和等式が得られた. （証明終わり）

さながらテーブル・マジックを見せられたようですが,解明の手掛かりはあります.最後の等式($\bigstar$)の左辺に現われた $a_2, a_4, a_8, \cdots$ の並びを注意深く観察して

ください．ここに「倍角進行」が隠れていることに気付くでしょう．その先も，

$$2 \cdot 8 = 16, \qquad a_{16} = a_7,$$
$$2 \cdot 7 = 14, \qquad a_{32-23} = a_9,$$
$$2 \cdot 32 = 64, \qquad a_{64-2 \cdot 23} = a_{18} = a_5,$$
$$\cdots\cdots$$

と続いています．結果的には最初に取った5本のトレミー方程式はこのことを踏まえた選択になっています．ちなみに「倍角進行」はどこからはじめてもよろしい．その都度5本のトレミー方程式が現われますが，結局は11本の等式を巡回するだけのことです．

　倍角進行の仕掛けとトレミー方程式の選択については**解答2**でさらに明らかになります．先に言ってしまえば，トレミーの定理（プトレマイオス『アルマゲスト』紀元1世紀！）は三角関数の加法公式と同値ですから，**解答1,2**は同等なのです．それにしても林氏の舌を巻く見事さ！

解答2

　鍵が二つある．一つは cot の半角公式：

$$\csc 2\theta = \cot \theta - \cot 2\theta.$$

この証明は容易である．

$$\cot \theta = \frac{\cos \theta}{\sin \theta} = \frac{2 \cos^2 \theta}{2 \sin \theta \cos \theta} = \frac{\cos 2\theta + 1}{\sin 2\theta} = \cot 2\theta - \csc 2\theta.$$

　もう1つは「倍角進行」で，θ を倍角進行させればつぎの和公式が得られる．

$$\sum_{k=1}^{n} \csc 2^k \theta = \cot \theta - \cot 2^n \theta = \frac{\sin(2^n - 1)\theta}{\sin \theta \sin 2^n \theta}.$$

この和公式を最右辺の式の形で直接求めて cot の半角公式を経由しない道もある．

　さて，$\theta = \alpha = \dfrac{\pi}{23}$，$n = 11$ とおけば

$$2^{11} = 2048 = 1 + 23 \cdot 89$$

だから

$$\cot 2^{11}\alpha = \cot(\alpha + 89\pi) = \cot \alpha.$$

したがって和公式の右辺は 0，すなわち

$$\sum_{k=1}^{11} \csc 2^k \alpha = \sum_{k=0}^{10} \csc 2(2^k)\alpha = 0.$$

一方

$$\csc(\theta + 23\,m\alpha) = \csc(\theta + m\pi) = (-1)^m \csc\theta,$$

$$\csc(23\alpha - \theta) = \csc(\pi - \theta) = \csc\theta$$

だから $\csc 2^k \alpha$ はすべて $\pm\csc l\alpha (1 \le l \le 11)$ の形で表される.

$$\csc 2^1\alpha = \csc 2\alpha, \qquad \csc 2^2\alpha = \csc 4\alpha,$$

$$\csc 2^3\alpha = \csc 8\alpha, \qquad \csc 2^4\alpha = \csc 7\alpha,$$

$$\csc 2^5\alpha = -\csc 9\alpha, \qquad \csc 2^6\alpha = \csc 5\alpha,$$

$$\csc 2^7\alpha = -\csc 10\alpha, \qquad \csc 2^8\alpha = -\csc 3\alpha,$$

$$\csc 2^9\alpha = \csc 6\alpha, \qquad \csc 2^{10}\alpha = \csc 11\alpha,$$

$$\csc 2^{11}\alpha = -\csc\alpha.$$

すべての $l\,(1 \le l \le 11)$ が一度ずつ現われている. 最後に

$$\csc l\alpha = \frac{1}{\sin l\alpha} = \frac{2}{a_l}$$

だから和公式の左辺を $\dfrac{1}{a_l}$ で置きかえれば正 23 角形の調和等式となる:

$$\frac{1}{a_2} + \frac{1}{a_4} + \frac{1}{a_8} + \frac{1}{a_7} - \frac{1}{a_9} + \frac{1}{a_5} - \frac{1}{a_{10}} - \frac{1}{a_3} + \frac{1}{a_6} + \frac{1}{a_{11}} - \frac{1}{a_1} = 0. \qquad \text{(証明終わり)}$$

　解答 1 と解答 2 の関連は明らかでしょう. 最初に選択したトレミー方程式は, $k = 1, 4, 7, 5, 3$ に対応するつぎの等式であったわけです.

　$\sin k\alpha \cdot \sin 2k\alpha + \sin k\alpha \cdot \sin 4k\alpha = \sin 2k\alpha \cdot \sin 3k\alpha.$

　$k = 1, 4, 7, 5, 3$ は 2^2 倍進行になっています. そしてこれらの式をそれぞれ $\sin k\alpha \sin 2k\alpha \sin 4k\alpha$ で割って加えたのが解答 1 の証明でした.

　ところで, 解答 1, 2 でまだ解明されていないのは符号の問題です. なぜ正 23 角形なのかに対しても未解答のままです. ガウスの正 17 角形の作図でも知られるように, 円周 p 等分には $\bmod p$ の整数計算が背後にあります. そこで, さらに問題の解明を進めるためには初等整数論の用語を用いるのが便利です. 圧縮ならびに説明不足の点はお許し願うことにします.

191

p を素数とする．整数 a, b について

$$a \equiv b \pmod{p}$$

とは $a - b$ が p で割り切れることを意味する．「$\equiv$」を「$=$」のように考えれば，整数が p 種類に分かれる．このことを p を法とする剰余類別という．整数を偶奇に分けること ($p = 2$) の一般化である．

0 類以外の剰余類は乗法群 $U(p)$ をなす．p と素な整数は $p-1$ 乗すれば 1 と同類になる：

$$a^{p-1} \equiv 1 \pmod{p}$$

逆に $p-1$ 乗するまでは 1 と同類にならないような整数(原始根)が存在する．g が原始根であれば g^k ($1 \leq k \leq p-1$) が $U(p)$ の完全代表系になる．

ここからは $p > 2$ とする．

$$a \equiv g^k \pmod{p} \quad \text{のとき} \quad \chi_p(a) = (-1)^k$$

と定義する(平方剰余記号)．

この定義は原始根 g の選び方には依存しない．乗法的性質 $\chi_p(a)\chi_p(b) = \chi_p(ab)$ は明らかである．つぎの法則が知られている．

$$\chi_p(-1) = (-1)^{(p-1)/2}, \qquad \chi_p(2) = (-1)^{(p^2-1)/8}.$$

解答 3

一般化した形で問題が解決される．つぎの定理は，正 7 角形，正 23 角形の調和定理を含んでいる．

定理 素数 $p \equiv 7 \pmod{8}$ のとき

$$\sum_{l=1}^{(p-1)/2} \chi_p(l)\csc 2l\alpha = 0. \qquad \left(\alpha = \frac{\pi}{p}\right)$$

証明は容易である．まず cot の半角公式を利用して，直ちにつぎの等式が得られる．

$$\sum_{l=1}^{p-1} \chi_p(l)\csc 2l\alpha = \sum_{l=1}^{p-1} \chi_p(l)\cot l\alpha - \sum_{l=1}^{p-1} \chi_p(l)\cot 2l\alpha.$$

$\chi_p(2) = 1$ のとき右辺は 0 になる．なぜなら

$$\sum_{l=1}^{p-1}\chi_p(l)\cot 2l\alpha=\sum_{l\in U(p)}\chi_p(2l)\cot 2l\alpha$$
$$=\sum_{l\in U(p)}\chi_p(l)\cot l\alpha$$
$$=\sum_{l=1}^{p-1}\chi_p(l)\cot l\alpha$$

だからである．一方 $\chi_p(-1)=-1$ のとき左辺は

$$\sum_{l=1}^{(p-1)/2}\{\chi_p(l)\csc 2l\alpha+\chi_p(l-1)\csc 2(p-l)\alpha\}=2\sum_{l=1}^{(p-1)/2}\chi_p(l)\csc 2l\alpha$$

と短縮される．

さて，$p\equiv 7\,(\mathrm{mod}\,8)$ のとき $\chi_p(2)=1$ および $\chi_p(-1)=-1$ が同時に成り立つから，定理に言う通りである．

ちなみに $p=23$ のとき $\chi_p(l)=-1\,(1\le l\le 11)$ となるのは $l=5,7,10,11$ のみであり，このときに限って $\chi_p(l)\csc 2l\alpha<0$ となる．これが

$$\frac{1}{a_1}=\frac{1}{a_{22}},\quad \frac{1}{a_3}=\frac{1}{a_{20}},\quad \frac{1}{a_9}=\frac{1}{a_{14}},\quad \frac{1}{a_{10}}$$

にのみ負符号が付く理由である． （証明終わり）

解答 1, 2 で倍角進行が上手く機能したのにはつぎのような事情があります．
$p=23$ のとき 5 は原始根であり，$5^2\equiv 2\,(\mathrm{mod}\,23)$ ですから，集合

$$\{2^k:0\le k\le 10\}$$

は平方剰余（$U(p)$ における平方数）の代表系になっています．一方 $p\equiv 3\,(\mathrm{mod}\,4)$ のときは，$\chi_p(-1)=-1$ ですから l または $p-l$ のいずれか一方のみが平方剰余であることがわかるので，集合

$$\{\chi_p(l)\,l:1\le l\le 11\}$$

も平方剰余の代表系です．このことから

$$\sum_{k=0}^{10}\csc 2(2^k)\alpha=\sum_{k=1}^{11}\chi_p(k)\csc 2k\alpha$$

が成り立ちます．これで解答 2 と解答 3 の関連も明らかとなりました．

最初に書きましたように，私は「正 7 角形調和」を分析するうちに自然と，解答 3 の定理の形へと導かれました．その理由は，$p\equiv 3\,(\mathrm{mod}\,4)$ のとき

$$2 \sum_{l=1}^{(p-1)/2} \chi_p(l) \sin \frac{2\pi l}{p} = \sqrt{p}$$

というガウス和の公式があるからです．$p \equiv 1 \pmod{4}$ のときは sin を cos に代えた式が成り立ちます．正 $7, 23$ 角形調和の現象は sin を csc に代えた公式に違いないと類推したわけです．実際，少しの計算で $p \equiv 3 \pmod{4}$ のとき

$$\sum_{l=1}^{(p-1)/2} \chi_p(l) \csc \frac{2\pi l}{p} = -\chi_p(2) \frac{2}{\sqrt{p}} \sum_{l=1}^{(p-1)/2} \chi_p(l) l$$

および

$$\sum_{l=1}^{(p-1)/2} \chi_p(l) l = \begin{cases} 0, & p \equiv 7 \pmod{8} \\ ph(-p), & p \equiv 3 \pmod{8} \end{cases}$$

を示すことができます．$h(-p)$ は虚 2 次体 $\mathbb{Q}(\sqrt{-p})$ の類数と呼ばれるもので正の整数値をとります．これは cot の半角公式を経由しない定理の別証明になっています．札幌市・トポス氏，横浜市・水谷一氏の解答はこの方法でした．両氏は，これらを自ら発見的に導かれたようですが，これらは，ガウス和，一般ベルヌイ数，ディリクレの類数公式など整数論における基本的な計算と深く関係しています．

　どのような素数 p に対して，正 p 角形の対角線についてこのような等式が成り立つのだろうか？　多くの解答者がこのことについて考察されていました．**解答3** で述べた定理はその一つの答えですが，問題の等式を単に適当な符号 ± 1 によって

$$\sum_{k=1}^{(p-1)/2} \pm \frac{1}{a_k} = 0 \qquad \left(a_k = 2 \sin k\alpha, \alpha = \frac{\pi}{p} \right)$$

が成り立つこと，と解釈すれば範囲がもう少し広がります．

　やはり cot の半角公式を利用した議論によって，私の思い違いでなければ，その必要十分条件は，$p-1$ の奇数の最大約数 d によって $2^d \equiv 1 \pmod{p}$ となること，と言い表すことができます．この条件を満たす素数には $p \equiv 7 \pmod{8}$ のすべての素数のほかに $p \equiv 1 \pmod{8}$ の素数の一部

　　$p = 73, 89, 233, 337, 601, 881, 937, \cdots$

があります．ただし，後者のタイプの素数について何かを主張することは超難問

に思われます.

　古代の昔から，正多角形と正多面体は美しい数学の源泉でした．しかもそれは，汲めども尽きないものです．円周等分からレムニスケートの等分へと夢を広げたのはガウスとアーベルでした．われらが「正7角形調和」の先には一体何があるのでしょうか？　さらなる展開に期待したいと思います.

追記

　出題者自身は「正7角形調和」から「楕円ガウス和」の研究へと自然に導かれ，大いに楽しませていただきました．興味のある方はつぎの文献

　　Asai, T., Elliptic Gauss Sums and Hecke L-values at $s = 1$, *RIMS Kôkyûroku Bessatu*, **4**(2007), 79-121

などを参照してください.

エレガントな問題の作り方

山田修司

　私が解き方について解説するのはおこがましいので，ここでは，私流の問題の作り方を解説します．

　「エレガントな解答をもとむ」の問題を作るときには，高校生レベルの知識で解けることのほかに，次のことをも気にかけています．

- 表現が初等的で問題の意味が誰でも分かる
- なぜそれを考えるのかの理由が分かるような問題文
- 難易度レベルに段階をもたせる
- 一般性および理論性があり，研究レベルの問題に発展できる
- 解答に意外性がある
- 解答すると知識が得られる

　もちろん，すべてを満たすような問題はなかなか作れませんが，いくつかを満たせば，面白いと思って解いていただける問題になるかと思います．

　問題を作る方法についてですが，その最初は題材探しです．題材は，そのときの思いつき，過去に考えていたこと，ほかの問題およびその解答などがあります．一番多いのは「そのときの思いつき」ですが，これが「エレ解」として相応しい問題になることは稀です．ほとんどが，簡単すぎる／難しすぎる／そもそも解がない，ということになります．それを，ちょうどよい難易度のものに調整しようとすると，作為的な条件を付けることになり，なぜそれを考えるのかの理由が分からない問題となることが多いので，そういうときはきっぱりと諦めて，ほかの思いつきを探した方が良いようです．しかし，そのようなボツになった思いつきも，一応，メモしておきます．時がたってからそのようなメモを眺めていると，

ちょうど良い調整が見つかったり，それから派生した問題を思いつくことがよく
あります．また，ほかの人が作った面白い問題とその解答とをよく考えて，その
本質を見極めて，それを応用したり拡張したりすることで，別の面白い問題がで
きることもあります．

　例えば，『数セミ』(2012 年 9 月号)の記事「続・確率パズルの迷宮」で，次のよ
うな問題を見たことがあります．

問題　円盤内に 3 点 A, B, C を一様ランダムに選び，そのうちの 2 点を通る 3 本
の直線でその円盤を 7 個の部分に切り分ける．そのとき，**三角形 ABC の面積に
対して，A, B, C それぞれを頂点とする扇状の 3 つの部分を合わせた面積は平均
して何倍くらいになるか．**

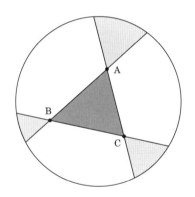

　3 点の座標を変数とした 6 個のパラメタを用いて問題の部分の面積を記述し，
パラメタを円盤内で動かしてその面積比の平均を求める，という正攻法で解こう
とすると，大変なことになります．その記事では次のような解答が紹介されてい
ました．

　円盤内にランダムに 4 点を選ぶ試行を行いその凸包が三角形になったとする．
その 4 点からランダムに 1 点を選んだとすると，それが，凸包の内部の点か，凸
包の頂点であるかの比率は当然 1：3 なので，問題の面積比の平均は 1：3 である．

COLUMN

　この解答の本質は，サンプル点をいくつか選んだときの面積の**期待値**を，1つ増やしたサンプル点がその面に入る**組み合わせ的な確率**としてとらえる，ということです．これにより，その面積を表す複雑な数式を取り扱うことから回避できます．さらに素晴らしいことは，その組み合わせ的な考察が成り立つのであれば，サンプル点を選ぶ舞台は何でも良いということです．ですから，先程の問題の場合，円盤でなくても平面上の凸図形であれば，その答は常に $1 : 3$ になります．

　これをヒントに考え出したのが次の問題です．

問題　面積 1 の球面上に一様ランダムに選ばれた 3 点を通る平面でその球面を切った 2 つの部分の面積を A, B とするとき，$A^2 + B^2$ の期待値を求めよ．

（2016 年 8 月号出題／11 月号解答）

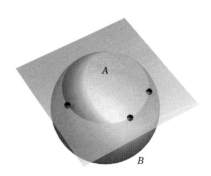

　「エレ解」で出題したときは，地球防衛軍のストーリーをもたせ，さらに，組み合わせ的な解法を見つけやすくするという意図もあって，**分割された惑星面上のどちらかに幽閉されたヒロインにヒーローがたどり着ける確率**を求める問題としました．

　この問題の組み合わせ的な解法はオイラーの多面体定理を用いるなど，面白いものになっていると思います．さらに，先程の問題と同じく，舞台は球面である必要はなくて，卵形のように凸である図形であれば，何でも同じ答になります．また，サンプル点をさらに増やすことにより，$A^n + B^n$ の期待も求めることができ，それによって，A の確率分布そのものも求めることもできて，凸図形であれ

ばどれも同じ分布関数となります．なお，このことは次のように一般次元に拡張した命題として問うことができます．

命題 n次元空間内の凸図形の超表面から一様ランダムに選ばれたn点を通る超平面でその**超表面を切り分けるときの割合の分布は，その凸図形の形に依存しない**か．

この命題は，2次元のときはほぼ自明に真でありますが，よく調べてみると，4次元以上では偽であることが分かります．この問題が面白い問題として成立するのは，3次元だけなのです．
また，知り合いから次のような問題を聞いたことがありました．

問題 1つの山頂に至る2つの異なる道を，**2人で互いの標高を常に同一にしつつ登り降りして，山頂で出会う**ことは可能か．

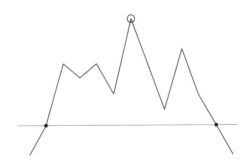

この問題も面白いので，解いてみてください．ただし，山道が上図のような折れ線ならいいのですが，適当な条件をつけないと数学的には不可能になりますので，どのような条件をつけると可能となるかが問題となります．
片方の人の標高の符号を逆にしてみると，「標高を同一にする」ということは「足すと0」ということになります．これを，**位置ベクトルの和が0**という表現に変えることにより，問題の次元を上げることができます．そうして作ったのが，桃太郎・金太郎・浦島太郎の三叉バランス問題です．

COLUMN

問題 正三菱形内に与えられた原点 O から A, B, C までを結ぶ経路上をそれぞれ動く 3 つの動点は，それらの**位置ベクトルの和が 0 のまま**，O からそれぞれ A, B, C まで動くことは可能か.

（2003 年 11 月号出題／2004 年 2 月号解答．本書問題 29）

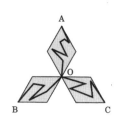

　山登りの問題は，ちょっと考えると「相手に合わせて登ったり降ったりする必要はあるが，何とか可能だろう」と予想できますが，三叉バランスの場合は，合わせるべき相手が 2 人いて，すぐには可能なのか分かりません．また，この問題も，経路に適当な条件をつけなければ可能とは言えません.

　また，意外性も問題を作るときの重要なポイントです．数学は定義・公理から論理的に真であると証明される命題の積み重ねであるので，そこに意外性を見つけることはあまりありませんが，その結果として見えてくるものが直感と異なることが時にあります.

　その 1 つとして，クッキー好きのモンスターの問題を作りました.

問題 一列に並んだクッキーをモンスターが 1 個以上残して何個か食べるのだが，左右どちらから食べるか，何個食べるかは，どれも同じ確からしさとする．これを繰り返したら最後に 1 個だけ残るが，**最後に残る確率が一番高いのはどのクッキーか**.

（2011 年 8・9 月号出題／11 月号解答）

　直感的には，「真ん中のクッキー」が残りやすそうですが，1回目に食べられる確率を計算すると，どのクッキーも等しく $\frac{1}{2}$ であることが分かります．ということは「最後に残る確率はどれも同じ」と思いきや，意外にも答は「両側のクッキー」なのです．

　ところで，このような確率の問題を作るときには，何が同様に確からしいかが，サイコロのように常識的に明らかか，さもなくば合理的に設定する必要があります．例えば，A 地点から C 地点まで最短距離で行くときに B 地点を通過する確率を問う問題で，可能な行き方のどれも同様な確からしさで選択される，という設定をするのはあまり合理的ではありません．そういう観点で見ると，「何枚食べるかはどれも同様に確からしい」という設定は，合理的でないかもしれません．しかし，ほかに説得力のある合理的な設定がないので，最もシンプルと思われるこのような設定にしました．そのおかげで，意外性が生じることになったのです．

　ほかにも，意外性を求めた問題として，地球防衛軍シリーズの1作目として次のような問題も作りました．

問題　エイリアン宇宙船 m 艦の戦術的価値は，それぞれ $a_1, \cdots, a_m$ である．地球防衛軍の n 個のミサイル基地には命中率・破壊力 100% のミサイルが1発ずつあるが，通信ができないので，どのミサイル基地も，$n, a_1, \cdots, a_m$ から定まる確率分布 $p_1, \cdots, p_m$ に従いランダムに，狙う宇宙船を一つ選択する．このとき，破壊できる敵宇宙船の**総戦術的価値の期待値が最大**となる確率分布 $p_1, \cdots, p_m$ を与えよ．

（2001 年 6 月号出題／9 月号解答）

　この問題に対する解答の意外性は，最適戦術をとると，**価値 a_i が 0 でなくても標的となる確率 p_i が 0 になる**ことがあるということです．計算してみてこの事実を知ったときに「学生の就職活動でもありがちな状況で興味深い」と思い，「エレ解」で出題してみました．

　この問題を出題した後，先程の球面分割問題のほかにも，地球防衛軍シリーズの問題をいくつか出しました．

問題　地球面の境界を含まない半分をカバーできる衛星で，**全地球面を常にカバ**

COLUMN

一するには最低何機が必要か．ただし，衛星は同一周期で周回するとする．

（2005 年 3 月号出題／6 月号解答）

問題　宇宙空間で 1 点のバブに繋がった複数台の砲台を，等半径で，ぶつからないように，異なる軌道面で，重心が動かないように，等速で**回転させる**ことは可能か．　（2012 年 8 月号出題／11 月号解答）

　このように，地球防衛軍シリーズを作ろうとすると，対称性の高い球面に関わる問題になりがちです．

　また，対象物が初等的であることと，特殊な状況を設定せず理論として通用することも重要視しています．次の問題では，三角形，内分，相似ということを使って，斉分相似という概念を作りました．

問題　1 つの三角形の各辺の同一比内分点を頂点とする三角形に，もう 1 つの三角形が相似であれば，その 2 つは斉分相似であると言う．**斉分相似であるかどうかを特徴付ける不変量**を見つけよ．　（2009 年 9 月号出題／12 月号解答）

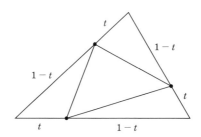

　そのような不変量はたくさんありますが，要するにそれは，三角形の扁平率というべきものを表す量になります．また，楕円の焦点に相当する，三角形の焦点というものも定義できます．この問題に対して解答を寄せて頂いた大学名誉教授（私が学部生の時に講義を受けた先生です）から「初等的な三角形にも，まだこのようなことが残っているのですね」というメッセージを頂いたことには，幸甚の極みでした．

　また，かなり前の 1998 年の問題ですが，若い解答者に驚かされたことがありました．

問題　日々のメニューがカレー・牛丼・スパゲッティのどれか 1 つである食堂で，どの日から何日食べても**同じパターンの繰り返しがない**ように，メニューを**永遠**に設定することはできるか．　　　　　　　　（1998 年 7 月号出題／10 月号解答）

　この問題に対して，当時高校生の方から素晴らしい解答をいただきました．そのアイディアも良いのですが，何より，読みやすく理解しやすい表現であったことです．また，「いくらでも長い有限列」と「無限列」との違いを混同している解答が多かった中で，彼はちゃんと認識してありました．彼との共著で論文にしようかと思ったのですが，調べてみると "Square free sequence" として既に知られていることだったので，断念しました．

　1995 年に初めて依頼を受けてから，ほぼ毎年のように出題を重ね，数えると 25 回ほどになりました．解答者の中には問題に対する感想も述べてくださる常連の方もいて，誌面上だけでのやりとりですが，文通をしているような繋がりを感じられることも出題していて嬉しいことの 1 つです．ただ，若い方からの解答が少なくなっているのが残念です．これには，『数セミ』編集部の方もそうでしょうが，私も数学教育者として危機感を感じています．

解答篇

23 竹内郁雄

出題者

数式の中でカッコは重要な役割をはたします．特殊な記号を使わない「常識的な範囲の」数式で，カッコの有無や位置が違うだけで，$x+y, x-y, y-x$ の意味になってしまうものをつくってください．記号が少ないほどいいとします．なお，かけ算は $x \times y$ のように陽に $\times$ と書いてください．「記号の数」は敢えて厳密に定義しませんが，たとえば，$\max(x^2, \sqrt{y \times 10})$ は max, x, 2, コンマ, ルート記号, y, $\times$, 1, 0 とカッコ 2 個, 全部で 11 個の記号と数えるのが妥当だと思っています．また，カッコのつけ方で 3 つの数式の記号の数は変わり得ますが，そのうち一番記号が多いものを計測の対象とします．

この問題ができたら，カッコのつけ方で $x+y, x-y, x \times y$ に変身する式にも挑戦してください．

実はこの手の問題はすでに過去問があったのではないかと思っていたのですが，ベテランのどなたからも指摘を受けませんでした．それどころか，変わった問題で楽しかったという感想をいただいてしまいました．日常的なところに意外な問題が転がっているものです．ただ，出題の意味がよく読み取れなかったという感想も 2, 3 ありました．また，それ以外にも題意を取り違えていた方が 2 名いました．

数学の腕前をほとんど要求しない(?)問題だったせいか，10 代から 80 代の方まで幅広い解答をいただきました．解答者は 10 代 2 名，20 代 2 名，30 代 7 名，40 代 12 名，50 代 10 名，60 代 1 名，70 代 3 名，80 代 1 名，総計 38 名でした．

私がよくやるように，今回の問題も，意図的に厳密でないところを残しました．別の言い方をすれば探索すべき解空間を開放的にしました．「常識的な範囲の数式」とか「記号の数は厳密に定義しない」というクダリです．こうすると出題者に想像もできなかったようなとんでもない「エレガントな解答」が出てくるかもしれないからです——実際，今回もそれが起こりました．しかし，これは諸刃の剣で，「常識的な範囲」という言葉に引きずられてしまった方もいました．

さて，寄せられた解答を紹介しましょう．

(1) カッコのつけ方で，$x+y, x-y, y-x$ の意味に変身する式

最短の式の典型例は $-0-x+y$ でした．私にもこれ以上短い「常識的な範囲の

式」があるとは思えません. 実際,

$$-(0-x)+y = x+y, \quad -(0-x+y) = x-y, \quad -0-x+y = y-x$$

となり, カッコの入った最長の式は記号が 8 個なので求める長さは 8 となります. これと本質的に同じ解答を寄せられたのは計 9 名でした (x と y を入れ換えても, + を - に変えても解答になりますが, 後者では 3 つすべての場合にカッコが必要になります).

ただ, 冒頭に -0 とあるのを嫌ってわざわざ 0-0-x+y にしてしまった方がいました (豊前市・林道宏氏). 残念. 0 を使わないで長さ 9 になる式 (たとえば, x-x-x+y) を書いた方は小平市・浜田一志, 横浜市・水谷一の両氏でした. 長くなった方で目立ったのは 1 と -1 を生成するために -1^2 を使用している式でした.

ちなみに有効解答の長さの分布は次の通りです. 長さ 8 が 9 名, 長さ 9 が 3 名, 長さ 10 が 4 名, 長さ 11 が 1 名, 長さ 12 が 1 名, 長さ 13 が 6 名, 長さ 14 が 1 名, 長さ 15 以上が 10 名 (最長はなんと 26).

(2) カッコのつけ方で, $x+y$, $x-y$, $x \times y$ の意味に変身する式

こちらのほうが難しかったのか, 答えが書いていなかった解答が 5 通ありました. しかし, 実はこちらのほうにあっと驚く解答がありました. それを紹介する前に, 私がこれくらいのものだろうと踏んでいた解答を紹介しましょう. (1) の最短記録者のうち, 奈良岡悟, ζ, 千葉隆, 田口玄, 川崎市雄, 高橋秀明の各氏が書いてきたのは, $x-0 \times 0+y$ です. たしかに

$$x-0 \times 0+y = x+y, \quad x-(0 \times 0+y) = x-y, \quad (x-0) \times (0+y) = x \times y$$

となり, 最長の式は長さ 11 となります. 奈良岡氏が指摘しているように, この式は x や y にも変身します. 氏は思考・試行過程も綿密に書いていました. こういうのは読んでいて楽しいです.

さて, これだけだったら世の中平和だったのですが, yk 氏の解答にはあっと驚かされました.

$$-\log e^{-(x+y)} = x+y, \quad -\log e^{-x+y} = x-y, \quad -\log (e^{-x})^{+y} = x \times y.$$

なんと, 最大の記号数がわずか 9 です. 出題の中の例の max で注意を喚起したように (自然対数の) log は 1 個の記号と数えます. 指数に +y とあるのは愛敬

ですが，どこにも不正(?)はありません．飛び道具のような(?)カッコの使い方で，必要なカッコを高々1対にしてしまいました．いやはや，やはりこんな解答を考えつく方がいるのですねぇ．こういう問題は出してみないとなにが起こるかわからないことを改めて実感しました．

　ちなみに有効解答の長さの分布は次のようになっていました．長さ9が1名，長さ11が6名，長さ13が2名，長さ14が1名，長さ15が1名，長さ17が3名，長さ18が1名，長さ19が2名，長さ21が2名，長さ22が1名，長さ23が3名，長さ24が2名，長さ27が2名，長さ32が1名，そして長さ51が1名でした．恐ろしく広い分布になったものです．

　なお，出題では掛け算は $\times$ の記号を使うようにと指定したのですが，大野直也氏は $x-0+y$ をベースにして $x(-0+y) = xy$，つまり長さ7でできると書いてきました．でも，やっぱりこれは反則でしょう．

　例によって ξ 氏は，問題を拡張する考察をしてきました．いわく，$x+y$，$x-y$，$y-x$，$-x-y$，$x\times y$，$-x\times y$，$x\div y$，$-x\div y$，$y\div x$，$-y\div x$ の10通りに変身する式は次の通りとのこと．カッコを抜いた原型($x+y$ になる)のみを記します．これを上に挙げた式に変身させること自体，簡単なパズルになります．

$$-0+1\div 1\times x-0\div 1\times 0+y$$

お楽しみください．

出題者
加古 孝

複素数 $z = x+iy,\ w = u+iv$ (x, y, u, v は実数, $i = \sqrt{-1}$ は純虚数)に対して, λ を実数 $\mathbb{R}$ の範囲で動かして

$$F(z,w) \equiv \sup_{\lambda \in \mathbb{R}} \frac{|\lambda - z|}{|\lambda - w|}$$

により $F(z,w)$ を定めます(ただし, $\sup_{\lambda \in \mathbb{R}}$ は, 実数 $\mathbb{R}$ の範囲で λ を動かしたときの「上限 ≡ 上界の最小値」を表します. また, $|\cdot|$ は複素数の絶対値). さて, x, y, u を固定して $|v|$ を無限に大きくしたときの極限

$$\lim_{|v| \to \infty} F(x+iy, u+iv)$$

は存在するでしょうか. 存在する場合にその値はどうなるでしょうか.

本問に対して38名の方から解答をいただきました. 年齢構成は20代1名, 30代4名, 40代2名, 50代11名, 60代17名, 80代1名, 90代1名, 20代+60代1名でした.

多くの方が本問の中の関数の最大値問題を解こうとしていました. その際, 問題の関数に最大値が $\mathbb{R}$ 上では存在しない場合があるので注意が必要です. しかし, その場合も含めて頑張って計算を行うことで最大値もしくは上限が得られ, 極限をとって正解の1に到達することができます. また, 本問の中の関数が一次分数変換の形をしていることからアポロニウスの円を用いるなどして解を得た方もいました. 一方, 不等式を上手く使うことで結論に達することもできます. 私が用意していた方法は「不等式を使う方法——その2」で紹介します. また, 垂直二等分線に着目した解答も2名ほどありました. 解答者の中で正しく推論して結論に到達したと私が確認できた方は26名でした.

関数の極値を直接計算する方法

問題の関数の極値問題を解くためには, 絶対値で考えるよりそれを二乗した関数を扱った方が微分の計算が容易になります. そこで

$$f(\lambda, z, w) = \frac{|\lambda - z|^2}{|\lambda - w|^2} = \frac{(\lambda - x)^2 + y^2}{(\lambda - u)^2 + v^2}$$

と置くことにします. この関数を λ について微分して0と置くことで極値の候補を与える λ が得られます. 計算すると

$$\frac{\partial}{\partial \lambda} f(\lambda, z, w) = \frac{\partial}{\partial \lambda} \frac{(\lambda-x)^2+y^2}{(\lambda-u)^2+v^2}$$

$$= \frac{2(\lambda-x)}{(\lambda-u)^2+v^2} - \frac{2(\lambda-u)((\lambda-x)^2+y^2)}{((\lambda-u)^2+v^2)^2}$$

となり極値を求めることは結構大変そうです．そこで考えられるのは，前もって，$\lambda-u$ を λ, $x-u$ を x としてもとの関数で分母に含まれる u を消去して式を簡略化することです．このようにしても上限の値は変わりません．すると，上式は

$$\frac{\partial}{\partial \lambda} f(\lambda, x+iy, iv) = \frac{2(\lambda-x)(\lambda^2+v^2)-2\lambda((\lambda-x)^2+y^2)}{(\lambda^2+v^2)^2}$$

$$= 2 \cdot \frac{x\lambda^2+(v^2-x^2-y^2)\lambda-xv^2}{(\lambda^2+v^2)^2}$$

となり，極値をとる条件として

$$x\lambda^2+(v^2-x^2-y^2)\lambda-xv^2 = 0$$

が得られます．ここで $x=0$ と $x \neq 0$ で場合に分けて考えると，$x \neq 0$ の場合は

$$\lambda_{\pm} = \frac{-(v^2-x^2-y^2) \pm \sqrt{(v^2-x^2-y^2)^2+4x^2v^2}}{2x} \qquad \text{（複号同順）}$$

の 2 点で極値になります．増減表は $x>0$ と $x<0$ で異なりますが，最大値をとる λ はいずれの場合も λ_- になることが分かり，x, y を固定して $|v| \to \infty$ の極限を考えると

$$f(\lambda_-, x+iy, iv) = \frac{(\lambda_--x)^2+y^2}{\lambda_-^2+v^2} \to \frac{1}{x^2} \Big/ \frac{1}{x^2}$$

$$= 1, \qquad |v| \to \infty$$

が得られます．$x=0$ の場合は別途考えると，

$$f(\lambda, iy, iw) = \frac{|\lambda-iy|^2}{|\lambda-iv|^2} = \frac{\lambda^2+y^2}{\lambda^2+v^2}$$

の上限を考えることになり，$|v|$ を大きくすればその上限は常に 1 であり，したがって $|v| \to \infty$ とした極限も 1 となります．

関数の特殊な形を利用する方法

　萩市・髙橋秀明氏は極値の計算を工夫しています．すなわち，$f(\lambda, z, w)$ の極値を求めるために関数 $G(\lambda, z, w\,;\,k) = (\lambda-x)^2+y^2-k\{(\lambda-u)^2+v^2\}$ を考察しま

す．$G(\lambda, z, w ; k) = 0$ と $\dfrac{\partial}{\partial \lambda} G(\lambda, z, w ; k) = 0$ を λ と k について連立させて解くことにより $f(\lambda, z, w)$ の極値を与える λ とそのときの関数値 k が求まります．計算すると

$$(\lambda - x)^2 + y^2 - k\{(\lambda - u)^2 + v^2\} = 0$$
$$(\lambda - x) - k(\lambda - u) = 0$$

となり，これから λ を消去すると k の2次方程式

$$v^2 k^2 - \{(u-x)^2 + y^2 + v^2\}k + y^2 = 0$$

になります．大きい方の根をとれば

$$k = \frac{1}{2v^2}\Big[(u-x)^2 + y^2 + v^2 + \sqrt{\{(u-x)^2 + y^2 + v^2\}^2 - 4y^2 v^2}\Big]$$

が得られ，これが上限を与えます．ここで，x, y, u を固定して $|v| \to \infty$ とすれば，k は $\dfrac{1 + \sqrt{1}}{2} = 1$ に収束することが分かります．なかなかエレガントな解答だと思いました．これとほぼ同等な考察をして正解を得た方が何人かありました．

一次分数変換とアポロニウスの円の利用

　何人かの方は，問題の関数が一次分数変換の形をしていることから，その事実を利用した解答を寄せられました．以下は，岩手県・$\rho\alpha$31 氏の解答に沿って論を進めます．問題では，一次分数変換 $\dfrac{\lambda - z}{\lambda - w}$ による実軸の像の絶対値の上限が問われています．さて

$$\frac{|\lambda - z|}{|\lambda - w|} = t \quad (= t_\lambda)$$

と置けば，この式は複素平面上の2点 u, w に対して λ との距離の比が t になることを意味しています．この t が一定になる複素平面上の λ がアポロニウスの円にほかなりません．その円が実軸に接する場合が t の上限を与えています．円が実軸に接するときの値を t_0 とし，そのときの λ を λ_0 とします．すると，このときのアポロニウスの円の中心と半径は，少し頑張って計算すると，それぞれ $\dfrac{-z + t_0 w}{t_0^2 - 1}$ と $\dfrac{t_0}{t_0^2 - 1}|z - w|$ になります．また，アポロニウスの円が実軸に接する条件を書くと $\left|\dfrac{-y + t_0 v}{t_0^2 - 1}\right| = \dfrac{t_0}{t_0^2 - 1}|z - w|$ となりこれを変形していくと

$$v^2 t_0^4 - \{(x-u)^2 + y^2 + v^2\}t_0^2 + y^2 = 0$$

に辿り着きます．これを解けば，$t_0^2 > 1$ となる値は

$$t_0^2 = \frac{1}{2v^2}\Big[(u-x)^2+y^2+v^2+\sqrt{\{(u-x)^2+y^2+v^2\}^2-4y^2v^2}\,\Big]$$

となり，これから先は前項と同様になります．

不等式による方法──その1

広島県・SN 氏は不等式のみを用いて解答を得ていました．氏の考えにそって論を進めてみます．まず $\lim\limits_{|\lambda|\to\infty}\frac{|\lambda-z|}{|\lambda-w|}=1$ となることから，$\sup\limits_{\lambda\in\mathbb{R}}\frac{|\lambda-z|}{|\lambda-w|}\geqq 1$ が成り立つことに注意します．つぎに，$f(\lambda,z,w)=\frac{(\lambda-x)^2+y^2}{(\lambda-u)^2+v^2}$ に対して

$$\begin{aligned}
f(\lambda,z,w)-1 &= \frac{(\lambda-x)^2+y^2}{(\lambda-u)^2+v^2}-1\\[4pt]
&= \frac{(\lambda-x)^2+y^2-(\lambda-u)^2-v^2}{(\lambda-u)^2+v^2}\\[4pt]
&= \frac{-2(x-u)(\lambda-u)+(x-u)^2+y^2-v^2}{(\lambda-u)^2+v^2}\\[4pt]
&\leqq \frac{2|x-u||\lambda-u|}{(\lambda-u)^2+v^2}+\frac{(x-u)^2+y^2}{(\lambda-u)^2+v^2}\\[4pt]
&\leqq \frac{|x-u||\lambda-u|}{|\lambda-u||v|}+\frac{(x-u)^2+y^2}{v^2}\\[4pt]
&= \frac{|x-u|}{|v|}+\frac{(x-u)^2+y^2}{v^2}
\end{aligned}$$

となり，最後の2項は λ に依らず，任意の ε に対して $|v|$ を十分に大きくとることで ε 以下にできます．よって $\lim\limits_{|v|\to\infty}\sup\limits_{\lambda\in\mathbb{R}}\frac{|\lambda-z|}{|\lambda-w|}=\lim\limits_{|v|\to\infty}\sqrt{f(\lambda,z,w)}=1$ が得られます．

不等式による方法──その2

最後に私が考えていた解法を紹介します．まず，$\sup\limits_{\lambda\in\mathbb{R}}\frac{|\lambda-z|}{|\lambda-w|}\geqq 1$ であることは「その1」と同様です．つぎに，任意に $\varepsilon>0$ をとった場合に $|v|$ を十分に大きくとれば，$\sup\limits_{\lambda\in\mathbb{R}}\frac{|\lambda-z|}{|\lambda-w|}\leqq 1+\varepsilon$ となることを以下に示します．これから $\lim\limits_{|v|\to\infty}\sup\limits_{\lambda\in\mathbb{R}}\frac{|\lambda-z|}{|\lambda-w|}=1$ がしたがいます．さて，

$$\frac{|\lambda-z|}{|\lambda-w|} = \frac{|\lambda-x-iy|}{|\lambda-u-iv|} \leq \frac{|\lambda-u|+|u+x-iy|}{|\lambda-u-iv|}$$

$$\leq 1+\frac{|u+x-iy|}{|v|}$$

が成立します. ここで, 最初の不等式は分子に対する三角不等式から得られ, 2番目の不等式は分母に関する異なる 2 つの不等式:

$$|\lambda-u-iv| \geq |\lambda-u| \quad \text{および} \quad |\lambda-u-iv| \geq |v|$$

によるものです. ここで u, x, y を固定して両辺の λ に関する上限をとり（右辺は λ に依らない）, ついで $|v|$ を十分に大きくとれば, 上限は $1+\varepsilon$ より小さくなります. 非常に簡単な証明ですが, このような解答を寄せた方は一人もいませんでした. あまりにも簡単なので気が付いた方も解答を寄せるのを躊躇ったのかもしれません. もっとも（三角）不等式のオンパレードで気が付きにくいとは思われますが, ポイントは上限をとる操作に関係なく上から $1+\varepsilon$ で評価することにあります.

問題の背景など

この問題の背景は, 加藤敏夫稿, 黒田成俊編注『量子力学の数学理論』（近代科学社, 2017）の中にあります. その本の 53 ページに, 自己共役作用素 H_0 に対して, ε を任意の正の数として, 不等式:

$$\|(H_0-\ell)(H_0-u-iv)^{-1}\| \leq \sup_{\lambda\in\mathbb{R}} \frac{|\lambda-\ell|}{|\lambda-u-iv|} \leq 1+\varepsilon$$

が, $\ell\in\mathbb{C}$, $u\in\mathbb{R}$ を固定したとき, $v\in\mathbb{R}$ を $|v|\to\infty$ として成り立つことが記されており, 脚注の形で証明が述べられています. 証明は垂直二等分線を用いた幾何学的なものですが, より簡単な証明があることに気が付いたので出題に至りました. 垂直二等分線を用いる方法での解答も 2 名ほどありました. 解答者のいずれとも異なる加藤先生による証明は上記の本をご覧ください. 今回, 解答をいただいてさまざまな解き方があるものだと思いました.

211

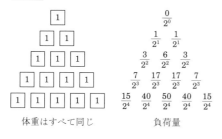

体重はすべて同じ　　　　　　負荷量

生徒たちが組体操で人間ピラミッド（俵積み）を作ります．生徒の体重をすべて同じで1としたとき，

- 上から1段目の生徒にかかる負荷量は0,
- 上から2段目の生徒にかかる負荷量は $\dfrac{1}{2}$ と $\dfrac{1}{2}$,

- 上から3段目の生徒にかかる負荷量は

$$\frac{\frac{1}{2}+1}{2} = \frac{3}{4},$$

$$\frac{\frac{1}{2}+1}{2} + \frac{\frac{1}{2}+1}{2} = \frac{6}{4},$$

$$\frac{\frac{1}{2}+1}{2} = \frac{3}{4}$$

のように計算できます．

p を奇素数とするとき，上から p 段目の負荷量の分子は，すべて p で割り切れることを証明してください．

この事実は宮永望さん（日本数学協会）が発見されました．

応募者は20代2名，30代4名，40代2名，50代12名，60代16名，80代1名の計37名でした．漸化式から一般式を求めた12名，母関数による証明の10名，その他の9名の計31名を正解としました．かなりの計算力がいる問題だったと思います．模範解答として2つの解答を示します．

1 漸化式から一般式

まず，名古屋市・山本長晴さんの解答を参考に負荷量の分子の一般式を求める方法を紹介します．

Ⅰ　n 段目の分母は 2^{n-1} である．n 段目の左から k 番目の分子を $a(n,k)$ とする．たとえば

$a(1,1) = 0,$

$a(2,1) = 1, \quad a(2,2) = 1,$

$$a(3,1) = 3, \quad a(3,2) = 6, \quad a(3,3) = 3$$

である．まず $a(n,k)$ を $k = 1,2,3,4$ について具体的に求めてみる．

$n \geqq 2$ で $a(n,1) = a(n-1,1) + 2^{n-2}$ だから

$$a(n,1) = 2^{n-1} - 1 \tag{1}$$

となる．また，対称性により

$$a(n,n) = a(n,1) = 2^{n-1} - 1$$

である．

$n \geqq 3$, $2 \leqq k \leqq n-1$ では漸化式

$$a(n,k) = a(n-1,k-1) + a(n-1,k) + 2^{n-1} \tag{2}$$

が成り立つ．

$k = 2$ のとき

$$\begin{aligned} a(n,2) &= a(n-1,1) + a(n-1,2) + 2^{n-1} \\ &= a(n-1,2) + 2^{n-1} + 2^{n-2} - 1 \quad ((1) \text{より } a(n-1,1) = 2^{n-2} - 1) \\ &= a(n-1,2) + 3 \cdot 2^{n-2} - 1 \end{aligned}$$

よって

$$\begin{aligned} a(n,2) &= a(2,2) + \sum_{i=1}^{n-2} (3 \cdot 2^i - 1) \\ &= 3(2^{n-1} - 1) - n \end{aligned} \tag{3}$$

となる．

$k = 3$ のとき

$$\begin{aligned} a(n,3) &= a(n-1,2) + a(n-1,3) + 2^{n-1} \\ &= a(n-1,3) + 2^{n-1} + 3(2^{n-2} - 1) - (n-1) \quad ((3) \text{より}) \\ &= a(n-1,3) + 5 \cdot 2^{n-2} - (n+2) \end{aligned}$$

よって

$$\begin{aligned} a(n,3) &= a(3,3) + \sum_{i=2}^{n-2} 5 \cdot 2^i - \sum_{i=4}^{n} (i+2) \\ &= 5(2^{n-1} - 1) - \frac{1}{2} n(n+5) \end{aligned} \tag{4}$$

となる.

$k=4$ のとき

$$a(n,4) = a(n-1,3)+a(n-1,4)+2^{n-1}$$

$$= a(n-1,4)+2^{n-1}+5(2^{n-2}-1)-\frac{1}{2}(n-1)(n+4) \qquad ((4)\text{より})$$

よって

$$a(n,4) = a(4,4)+\sum_{i=3}^{n-2}7\cdot2^i-\sum_{i=5}^{n}\left(\frac{1}{2}i^2+\frac{3}{2}i+3\right)$$

$$= 7(2^{n-1}-1)-\frac{1}{6}n(n^2+6n+23) \qquad\qquad (5)$$

となる.

II　ここで，二項係数 $\begin{pmatrix}n\\i\end{pmatrix}$ は

$$\begin{pmatrix}n\\1\end{pmatrix} = \frac{n!}{(n-1)!1!} = n$$

$$\begin{pmatrix}n\\2\end{pmatrix} = \frac{n!}{(n-2)!2!} = \frac{n(n-1)}{2} = \frac{n^2-n}{2}$$

$$\begin{pmatrix}n\\3\end{pmatrix} = \frac{n!}{(n-3)!3!} = \frac{n(n-1)(n-2)}{6} = \frac{n^3-3n^2+2n}{6}$$

であるから，(3), (4), (5)の最後の項は二項係数に置き換えることができる.

$$n = \begin{pmatrix}n\\1\end{pmatrix}$$

$$\frac{1}{2}n(n+5) = \frac{n(n-1)}{2}+\frac{6n}{2} = \begin{pmatrix}n\\2\end{pmatrix}+3\begin{pmatrix}n\\1\end{pmatrix}$$

$$\frac{1}{6}n(n^2+6n+23) = \frac{n(n-1)(n-2)}{6}+\frac{9n^2+21n}{6}$$

$$= \begin{pmatrix}n\\3\end{pmatrix}+\frac{3n^2+7n}{2}$$

$$= \begin{pmatrix}n\\3\end{pmatrix}+3\times\frac{n(n-1)}{2}+\frac{10n}{2}$$

$$= \binom{n}{3} + 3\binom{n}{2} + 5\binom{n}{1}$$

となる.

そこで，$n \geqq 5$，$2 \leqq k \leqq n-1$ で次の仮説をたてる.

$$a(n,k) = (2k-1)(2^{n-1}-1) - \sum_{i=1}^{k-1}(2i-1)\binom{n}{k-i} \tag{A}$$

この仮説は数学的帰納法により証明できる.（2）より

$$a(n+1,k) = a(n,k-1) + a(n,k) + 2^n$$

（A）より

$$= (2k-3)(2^{n-1}-1) - \sum_{i=1}^{k-2}(2i-1)\binom{n}{k-1-i}$$

$$+ (2k-1)(2^{n-1}-1) - \sum_{i=1}^{k-1}(2i-1)\binom{n}{k-i} + 2^n$$

$$= (2k-1)(2^n-1) - (2k-3) - \sum_{i=1}^{k-2}(2i-1)\binom{n+1}{k-i} - (2k-3)\binom{n}{1}$$

$$= (2k-1)(2^n-1) - \sum_{i=1}^{k-1}(2i-1)\binom{n+1}{k-i}$$

検算は次のとおり.

$$(2k-3)(2^{n-1}-1) + (2k-1)(2^{n-1}-1) + 2^n$$

$$= 2k \cdot 2^{n-1} - 2k - 3 \cdot 2^{n-1} + 3 + 2k \cdot 2^{n-1} - 2k - 2^{n-1} + 1 + 2^n$$

$$= 2k \cdot 2^n - 2k - 2^n + 1 - 2k + 3$$

$$= (2k-1)(2^n-1) - (2k-3)$$

$$\sum_{i=1}^{k-2}(2i-1)\binom{n}{k-1-i} + \sum_{i=1}^{k-1}(2i-1)\binom{n}{k-i}$$

$$= \sum_{i=1}^{k-2}(2i-1)\binom{n}{k-1-i} + \sum_{i=1}^{k-2}(2i-1)\binom{n}{k-i} + (2k-3)\binom{n}{1}$$

$$= \sum_{i=1}^{k-2}(2i-1)\binom{n+1}{k-i} + (2k-3)\binom{n}{1}$$

$$(2k-3) + (2k-3)\binom{n}{1} = (2k-3)\binom{n}{0} + (2k-3)\binom{n}{1}$$

$$= (2k-3)\binom{n+1}{1}$$

$$= \sum_{i=k-1}^{k-1}(2i-1)\binom{n+1}{k-i}$$

$$\sum_{i=1}^{k-2}(2i-1)\binom{n+1}{k-i}+\sum_{i=k-1}^{k-1}(2i-1)\binom{n+1}{k-i}=\sum_{i=1}^{k-1}(2i-1)\binom{n+1}{k-i}$$

$\binom{n}{k-1}+\binom{n}{k}=\binom{n+1}{k}$ を使用した.

よって $n\geqq 5$ でも (A) は成立する.

Ⅲ　以上より

$$a(n,1)=2^{n-1}-1$$

$$a(n,2)=3(2^{n-1}-1)-\binom{n}{1}$$

$$a(n,3)=5(2^{n-1}-1)-\binom{n}{2}-3\binom{n}{1}$$

$$a(n,4)=7(2^{n-1}-1)-\binom{n}{3}-3\binom{n}{2}-5\binom{n}{1}$$

$$\vdots$$

$$a(n,k)=(2k-1)(2^{n-1}-1)-\sum_{i=1}^{k-1}(2i-1)\binom{n}{k-i}$$

$$\vdots$$

$$a(n,n-1)=3(2^{n-1}-1)-\binom{n}{1}$$

$$a(n,n)=2^{n-1}-1$$

となる.

　$n=p$（奇素数）とすると，$2^{p-1}-1$ は p の倍数（フェルマーの小定理）であり，$\binom{p}{i}$（$1\leqq i\leqq p-1$）も p の倍数であるから，p 段目の負荷量の分子がすべて p で割り切れることになる.

2 母関数による証明

つぎに，観音寺市・香川小三元さんの解答を参考に母関数による証明を紹介します．

上から n 段目の負荷量を係数にもつ $(n-1)$ 次多項式を $f_{n-1}(x)$ とする．

$$f_1(x) = \frac{1}{2}x + \frac{1}{2}$$

$$f_2(x) = \frac{3}{2^2}x^2 + \frac{6}{2^2}x + \frac{3}{2^2}$$

$$f_3(x) = \frac{7}{2^3}x^3 + \frac{17}{2^3}x^2 + \frac{17}{2^3}x + \frac{7}{2^3}$$

等々とする．

$$f_2(x) = \frac{3}{2^2}x^2 + \frac{6}{2^2}x + \frac{3}{2^2} = \frac{x+1}{2}\left(\frac{3}{2}x + \frac{3}{2}\right)$$

$$= \frac{x+1}{2}f_1(x) + \frac{x+1}{2}(x+1)$$

$$f_3(x) = \frac{7}{2^3}x^3 + \frac{17}{2^3}x^2 + \frac{17}{2^3}x + \frac{7}{2^3}$$

$$= \frac{x+1}{2}\left(\frac{7}{2^2}x^2 + \frac{10}{2^2}x + \frac{7}{2^2}\right)$$

$$= \frac{x+1}{2}\left(\frac{3}{2^2}x^2 + \frac{6}{2^2}x + \frac{3}{2^2}\right) + \frac{x+1}{2}\left(\frac{4}{2^2}x^2 + \frac{4}{2^2}x + \frac{4}{2^2}\right)$$

$$= \frac{x+1}{2}f_2(x) + \frac{x+1}{2}(x^2+x+1)$$

が成り立つ．一般に，$f_n(x)$ と $f_{n-1}(x)$ の関係は与えられた規則より

$$f_n(x) = \frac{x+1}{2}f_{n-1}(x) + \frac{x+1}{2}(x^{n-1}+x^{n-2}+\cdots+x+1)$$

となる．

すなわち，

$$f_n(x) = \frac{x+1}{2}f_{n-1}(x) + \frac{x+1}{2}\cdot\frac{x^n-1}{x-1} \tag{B}$$

$$(ただし f_1(x) = \frac{1}{2}(x+1))$$

という漸化式が得られる.

漸化式(B)の特解として

$$P_n(x) = \frac{x+1}{(x-1)^2} Q_n(x)$$

($Q_n(x)$ は多項式)があったとすると

$$\frac{x+1}{(x-1)^2} Q_n(x) = \frac{x+1}{2} \cdot \frac{x+1}{(x-1)^2} Q_{n-1}(x) + \frac{x+1}{2} \cdot \frac{x^n-1}{x-1}$$

すなわち,

$$Q_n(x) = \frac{x+1}{2} Q_{n-1}(x) + \frac{x-1}{2} \cdot (x^n - 1)$$

これを満たす $Q_n(x)$ として

$$Q_n(x) = x^{n+1} + 1$$

がとれる. なぜなら

$$x^{n+1} + 1 = \frac{x+1}{2}(x^n + 1) + \frac{x-1}{2} \cdot (x^n - 1)$$

だからである. したがって(B)の特解として

$$P_n(x) = \frac{x+1}{(x-1)^2} \cdot (x^{n+1} + 1)$$

がある.

$$f_n(x) - P_n(x) = \frac{x+1}{2}(f_{n-1}(x) - P_{n-1}(x))$$

となり

$$\begin{aligned}
f_n(x) - P_n(x) &= \left(\frac{x+1}{2}\right)^{n-1}(f_1(x) - P_1(x)) \\
&= \left(\frac{x+1}{2}\right)^{n-1}\left(\frac{1}{2}(x+1) - \frac{x+1}{(x-1)^2} \cdot (x^2 + 1)\right) \\
&= \frac{(x+1)^n}{2^{n-1}}\left(\frac{1}{2} - \frac{x^2+1}{(x-1)^2}\right) \\
&= -\frac{(x+1)^{n+2}}{2^n(x-1)^2}
\end{aligned}$$

ゆえに

$$f_n(x) = \frac{(x+1)(x^{n+1}+1)}{(x-1)^2} - \frac{(x+1)^{n+2}}{2^n(x-1)^2}$$

$$= \frac{1}{(x-1)^2}\left\{(x+1)(x^{n+1}+1) - \frac{(x+1)^{n+2}}{2^n}\right\}$$

$f_n(x)$ の分母は 2^n であるので,

$$2^n f_n(x) = \frac{1}{(x-1)^2}\{2^n(x+1)(x^{n+1}+1) - (x+1)^{n+2}\}$$

の係数が負荷量の分子を表す.

p を奇素数として p 段目の負荷量の分子は

$$2^{p-1}f_{p-1}(x) = \frac{1}{(x-1)^2}\{2^{p-1}(x+1)(x^p+1) - (x+1)^{p+1}\}$$

の係数である.

$$\frac{1}{1-x} = 1 + x + x^2 + \cdots$$

を項別微分して

$$\frac{1}{(x-1)^2} = 1 + 2x + 3x^2 + 4x^3 + \cdots$$

となるので,

$$\{2^{p-1}(x+1)(x^p+1) - (x+1)^{p+1}\} \times (1 + 2x + 3x^2 + 4x^3 + \cdots)$$

を展開して $x^0, x^1, x^2, \cdots, x^{p-1}$ の係数を考える. たとえば, $p=3$ のときは,

$$2^2 f_2(x) = \{2^2(x+1)(x^3+1) - (x+1)^4\} \times (1 + 2x + 3x^2 + \cdots)$$

$$= (3x^4 - 6x^2 + 3)(1 + 2x + 3x^2 + \cdots)$$

$$= (3 - 6x^2 + 3x^4)(1 + 2x + 3x^2 + \cdots)$$

$$= (3 - 6x^2 + 3x^4) + (6x - 12x^3 + 6x^5) + (9x^2 - 18x^4 + 9x^6) + \cdots$$

$$= 3 + 6x + 3x^2$$

となる.

前の $\{\ \ \}$ の中は,

$$2^{p-1}(x+1)(x^p+1) - (x+1)^{p+1}$$

$$= 2^{p-1}x^{p+1} + 2^{p-1}x^p + 2^{p-1}x + 2^{p-1} - x^{p+1} - (p+1)x^p$$

$$-\binom{p+1}{2}x^{p-1}-\binom{p+1}{3}x^{p-2}-\cdots-\binom{p+1}{p-1}x^2-(p+1)x-1$$

$$= (2^{p-1}-1)x^{p+1}+(2^{p-1}-1)x^p-px^p+(2^{p-1}-1)x-px+(2^{p-1}-1)$$

$$-\binom{p+1}{2}x^{p-1}-\binom{p+1}{3}x^{p-2}-\cdots-\binom{p+1}{p-1}x^2$$

となる.

　フェルマーの小定理より $2^{p-1} \equiv 1 \pmod{p}$ だから，$(2^{p-1}-1)$ を係数にもつ項はすべて p で割り切れる．$-px^p, -px$ は p で割り切れる．また二項係数は

$$\binom{p+1}{2} \equiv \binom{p+1}{3} \equiv \cdots \equiv \binom{p+1}{p-1} \equiv 0 \pmod{p}$$

となるので，{ } の中の係数はすべて p で割り切れる．これに $(1+2x+3x^2+\cdots)$ をかけて求めた項の係数もすべて p で割り切れる．

　つまり奇素数 p 段目の負荷量の分子はすべて p で割り切れる.

付記

　2015年から2016年にかけて運動会での組体操における事故が社会問題になり，私は負荷量計算をすることで，巨大ピラミッドの危険性を訴えました[1]．この記事をご覧になった日本数学協会の宮永望さんが，偶然にも出題のような性質を発見されました.

　ご存知のように左右両端の負荷量の分子についてはフェルマーの小定理によって簡単に証明できます．内部へ進んで2列目も何とか証明できますが，段数が増えて内部へ行けば行くほど式は複雑になります．11段目にもなると，ほとんどお手上げの状態です．私はどのように証明するのか謎でした．今回，素晴らしい解答を寄せていただいた応募者には感謝します.

参考文献

［1］西山豊「組体操・人間ピラミッドの巨大化を考える」『数学文化』No. 25, 12-35, 2016.3

26 出題者 土岡俊介

以下の命題の真偽を調べよ：

任意の自然数 $n \geq 1$ に対し，次の等式が成り立つ．

$$\left\lfloor \frac{2n}{\log 2} \right\rfloor = \left\lceil \frac{2}{\sqrt[n]{2}-1} \right\rceil$$

ここで実数 x について，$\lfloor x \rfloor$ は x 以下の最大の整数で，$\lceil x \rceil$ は x 以上の最小の整数である．$n = 2$ なら

$$\frac{2n}{\log 2} = 5.77\cdots,$$

$$\frac{2}{\sqrt[n]{2}-1} = 4.82\cdots$$

より，等式 $\lfloor 5.77\cdots \rfloor = 5 = \lceil 4.82\cdots \rceil$ を得る．

---

　20 代 3 名，30 代 5 名，40 代 3 名，50 代 3 名，60 代 16 名，70 代 4 名，80 代 1 名，90 代 1 名，年齢不詳 1 名の計 37 名から解答をいただきました．ご応募ありがとうございました．正解者は 10 名でした．問題の等式には反例が存在し，最小の反例は $n = 777451915729368$ です．反例のデータベースが [9] にあり，数式処理ソフト Maple を用いた解説が [4] にあります．また，多くの方が $\frac{2}{\log 2}$ の連分数展開を打ち切ってえられる分母が反例の候補になることを注意していました．これらの情報・傍証の中で

　$\frac{2}{\log 2} = [a_0 ; a_1, \cdots]$ の連分数展開中に，○○を満たす a_k が存在すれば，

　$n = \triangle\triangle$ は反例

といった定量的な評価が，エレガントさの基準になると考えます．正しくない反例を提示した方もいましたが，筆者自身問題文に数値に関する誤記をしていました．なお歴史的にも最初は $n = 6847196937$ という精度不足による誤った反例があげられたそうです [3]．

連分数が登場する理論的背景

　まずはアイデアを紹介する．以下

$$x(n) = \frac{2n}{\log 2}, \qquad y(n) = \frac{2}{\sqrt[n]{2}-1}$$

とする ($n \geqq 1$)．多くの方が注意されたように

$$n \text{ が十分大きければ，} x(n) - y(n) \sim 1 - \frac{\log 2}{6n}$$

が容易にわかる．そこで今は思考実験のために，あたかも近似 $\sim$ が等号 $=$ であるかのようにみなそう．

このように $0 < x(n) - y(n) < 1$ なら，同値関係

(∗) $\lfloor x(n) \rfloor = \lfloor y(n) \rfloor \Longleftrightarrow \{x(n)\} \geqq x(n) - y(n)$

は明らかである．ここで正の無理数 θ について

$$\{\theta\} := \theta - \lfloor \theta \rfloor$$

でその小数部を表している．そしてこのとき

$$\lceil y(n) \rceil = \lfloor x(n) \rfloor + 1$$

と反例をえるのである（$y(n) \notin \mathbb{N}$ ならば）．

一般に $\{\theta n\}$ が小さい自然数 $n \geqq 1$ を求めようとすると，正則連分数を考えるのが定石である：$a_0 \geqq 0,\ a_1, \cdots \geqq 1$ について

$$\frac{p_k}{q_k} = [a_0 \,;\, a_1, \cdots, a_k] = a_0 + \cfrac{1}{a_1 + \cfrac{1}{\ddots + \cfrac{1}{a_k}}}$$

によって，$p_k, q_k, [a_0 \,;\, a_1, \cdots, a_k]$ を定義する．$a_0, a_1, \cdots$ が θ の連分数展開（つまり $\theta = [a_0 \,;\, a_1, \cdots]$）のとき

(1) $\dfrac{p_0}{q_0} < \dfrac{p_2}{q_2} < \cdots < \theta < \cdots < \dfrac{p_3}{q_3} < \dfrac{p_1}{q_1}$,

(2) $\dfrac{1}{(a_{k+1}+2)q_k^2} < \left| \theta - \dfrac{p_k}{q_k} \right| < \dfrac{1}{a_{k+1} q_k^2}$,

(3) $\left| \theta - \dfrac{p}{q} \right| < \dfrac{1}{2q^2} \Longrightarrow \exists k \geqq 0,\ \dfrac{p}{q} = \dfrac{p_k}{q_k}$

は基本的である[1]．(1) と (2) の右の不等式から

(P) $\{\theta q_{2k}\} = \theta q_{2k} - p_{2k} < \dfrac{1}{a_{2k+1} q_{2k}}$ は 0 に近い，

(Q) $\{\theta q_{2k+1}\} = \theta q_{2k+1} - (p_{2k+1} - 1) > 1 - \dfrac{1}{a_{2k+2} q_{2k+1}}$ は 1 に近い

となる．そこで $a_{2k+2} > \dfrac{6}{\log 2} = 8.65\cdots$ なら

$$\{x(q_{2k+1})\} > x(q_{2k+1}) - y(q_{2k+1})$$

となって，反例がえられるはずである．

読者の評価より

　以上の思考実験は，〜 を精密にすればそのまま正当化できる．横浜市・秋さんは任意の $n \geqq 1$ について

$$\text{(R)} \quad 1 - \frac{\log 2}{2n} < x(n) - y(n) < 1 - \frac{\log 2}{4(\sqrt{2}+1)n}$$

をエレガントに示してくれた．数学的には評価式(R)は，$\dfrac{\log 2}{2}$ の部分は $\dfrac{\log 2}{6}$ より大きければ，そして $\dfrac{\log 2}{4(\sqrt{2}+1)}$ の部分は $\dfrac{\log 2}{6}$ より小さければ，十分大きな n について同じ評価式が成立するが，「エレ解」読者としては腕の見せ所といえるかもしれない．

解答

　(R)の右の不等式と(Q)および(＊)から

　　$\dfrac{2}{\log 2} = [a_0 ; a_1, \cdots]$ の連分数展開において，$a_{2k+2} > 4(\sqrt{2}+1) = 9.6\cdots$ となる $k \geqq 1$ が存在すれば，$n = q_{2k+1}$ が反例を与える．

実際，**計算機で**

　　$\dfrac{2}{\log 2} = [2 ; 1, 7, 1, 2, 1, 1, 1, 3, 2, 4, 7, 5, 3, 6, 4, 1, 1, 4, 1, 1, 27, 3, 1, 1, 1, 1, 4, 1, 3, 4,$
　　　　　　$2, 3, 2, 1, 2, 29, 1, \cdots]$

をえるため，$a_{2 \cdot 17 + 2} = 29$．よって

$$\frac{p_{35}}{q_{35}} = [2 ; 1, 7, \cdots, 2] \qquad \left(= \frac{2243252046704767}{777451915729368} \right)$$

について $n = q_{35}$ が反例になる．まとめると，問題にしている等式は，すべての $n \geqq 1$ では成り立たない．

　以上，ほぼ秋さんの解答に沿って説明した．つくば市・yk さんも，同じような方法で $\dfrac{\log 2}{2}$ に関する p_k, q_k を用いた，本問の反例を得るための必要条件をえて

いる．連分数を探索する以外の解答としては，つくば市・河西勇二さんによるファレイ数列に着目したものがあった．

　なお秋さんは(R)の左の不等式と(3)を用いて，反例が存在するなら $n = q_{2k+1}$ でなければならないことも示してくれた．これと計算機による検証によって，$n = q_{35}$ が最小の反例であることもわかる．

問題の非数学的背景：高次元三目並べ

　「$y(n)$」のパズル的背景を紹介する．三目並べ（米：tic-tac-toe，英：noughts and crosses）とは「3×3 のマス目に，先手が○を，後手は×を書き，直線に同じ記号をそろえた方が勝ち」というゲームで，読者もご存知だろう．k^n ゲームとはこれの拡張で，n 次元で辺長 k のボードを用いる（例：三目並べ $= 3^2$ ゲーム）．4^3 ゲームは市販されていて，先手必勝であることが知られている．ラムゼー理論の研究において，ヘイルズ–ジュウェットは

　　$k \geq \lceil y(n) \rceil$ ならば，k^n ゲームにおいて，後手が必ず引き分けに持ち込める

ことを予想した[2]．k^n ゲームに，勝敗を決める直線は $\dfrac{(k+2)^n - k^n}{2}$ 本ある．そこで

（X）各直線上に2つのマス目を重複なく選んでそれらに同じ記号を割り当て，
（Y）後手は先手がある記号のマスに○を書いたら，同じ記号のもう1つのマスに×を書く．
（Z）ただし「すでに後手がその記号に×を書いている場合」または「先手が割り当てられた記号以外の場所に○を書いた場合」は，後手は好きな場所に×を書く．

という後手の戦略をペア戦略とよぶ．ペア戦略が可能ならば，後手は必ず引き分けに持ち込める．

　たとえば 5^2 ゲームには直線が $\dfrac{7^2 - 5^2}{2} = 12$ 本あり，以下がペア戦略を実現する割り当てである．

A	F	A	G	H
B	I	J	B	K
L	C		C	K
L	D	J	I	D
H	F	E	G	E

ペア戦略が可能なら，直線の 2 倍はマス目があり

$$k^n \geqq (k+2)^n - k^n$$

であることが必要条件になり，$k \geqq \lceil y(n) \rceil$ となる．

　なおヘイルズ–ジュウェットの予想は $n > 100$ といった大きな n については示されているが，ペア戦略によってではないらしい[3]．また，実際のところ $k \leqq \lfloor y(n) \rfloor$ でも後手が引き分けに持ち込めることはあり（たとえば $3 < y(2) = 4.8\cdots$ だが，三目並べはそうである），$k \geqq \lceil y(n) \rceil$ は最良の評価式ではない．

　さて問題文のように，任意の $n \geqq 1$ について $\lfloor x(n) \rfloor = \lceil y(n) \rceil$ を予想するのは自然だが，$n = q_{35}$ で $\lfloor x(n) \rfloor + 1 = \lceil y(n) \rceil$ となるのだった．つまり $k = \lfloor x(q_{35}) \rfloor$ では，マス目の数

$$k^{q_{35}} = 2243252046704766^{777451915729368}$$

が少なすぎて(!)ペア戦略は原理的に不可能である．[3]によれば，これらは「問題の解として自然に現れる最大の自然数」の候補らしい．

問題の数学的背景：badly approximable number

　ディオファントス近似の観点から問題を考察する．

定義　無理数 θ が badly approximable とは，ある $c(\theta) > 0$ が存在して，任意の $\frac{p}{q} \in \mathbb{Q}$ について，$\left| \theta - \frac{p}{q} \right| > \frac{c(\theta)}{q^2}$ が成立する．

　連分数展開を $\theta = [a_0 ; a_1, \cdots]$ とすると，θ が badly approximable でないことと $\limsup_{n \to \infty} a_n = \infty$（$\iff \forall K \in \mathbb{R},\ \forall N \in \mathbb{N},\ \exists n > N,\ a_n > K$）が同値であることは，(2)から直ちにわかる．

　先に説明したように $\theta = \dfrac{2}{\log 2}$ について $a_{2k+2} \geqq 10$ であれば，問題の反例がえ

られるのであった．つまり

$$\limsup_{n\to\infty} a_{2n} \geqq 10$$

であれば，問題には無限個の反例がある（この 10 は $10 > 4(\sqrt{2}+1)$ から来ており，$9 > \dfrac{6}{\log 2}$ にできる）．筆者が大学院時からお世話になっている金子元さん（筑波大学）は，逆に無限個の反例があれば

$$\limsup_{n\to\infty} a_{2n} \geqq 7$$

が従うことを教えてくれた．証明は，一般に，連分数展開 $\theta = [a_0 ; a_1, \cdots]$ と $k \geqq 1$ について

$$q_k^{-2} \left| \theta - \frac{p_k}{q_k} \right|^{-1} = a_{k+1} + [0 ; a_k, a_{k-1}, \cdots, a_1] + [0 ; a_{k+2}, a_{k+3}, \cdots]$$

を用いるエレガントなものである．

ルベーク測度の意味で，ほとんどすべての無理数は badly approximable でないことが知られているので，$\dfrac{2}{\log 2}$ もそう予想されるが，未解決のようである．今回の反例は a_{2m} で記述されるので，badly approximable とは若干異なる定義だが「問題に無限個の反例が存在するかどうかは未解決」といってよいし，「計算機をまったく使わない解答は現状では不可能」といってよいだろう．

エレガント再考

計算機を使うとはいえ，筆者としては

$\dfrac{2}{\log 2} = [a_0 ; a_1, \cdots]$ の連分数展開において，$a_{2k+2} \geqq 10$ ならば $n = q_{2k+1}$ は反例を与える

ことを示すのは，この問題に対するエレガントな解答と感じられる．ほとんどすべての無理数は badly approximable で，これは 10 進展開に関する正規数という概念の，正則連分数展開類似と思えるから，上のような a_{2k+2} が $\dfrac{2}{\log 2}$ に対して存在すると予想することは自然である．それを確認しているにすぎない．

頭の中でできそうもない計算を，紙とペンを用いて行うことができるように，紙とペンでできそうもない計算を，計算機を用いて行うことができる．計算機がユビキタスで使いやすくなって行くにつれて，エレガントの意味も変わっていくのかもしれない．

問題の出典・参考文献・謝辞

　本問は高次元三目並べがおそらく出典なのですが，筆者自身は[4]で知りました．[4]は数式処理ソフト Maple を用いた実験数学の教科書で，フリーの数式処理ソフトで模倣しながら読むとよいでしょう（[5]は数式処理ソフト SageMath の優れた教科書です）．円周率の 16 進展開の狙った桁を計算する BBP 公式の発明者も著者に名を連ねる[6]は，本問のような「高精度詐欺（high precision fraud）」を行うための解説です（[7]，[8]も参考になります）．[9]は本問の反例のデータベースです．これらを参考に研究すると面白いでしょう（そして『数学セミナー』のNOTE 欄に投稿しましょう）．

　[10]の Opinion 36 によると "any theorem that a human can prove is, ipso facto, utterly trivial"（筆者訳：人間が証明できる定理は，事実上，まったく自明である）だそうです．筆者はここまでの過激派(!?)ではありませんが，WZ 法（[11]を参照）をはじめ著名な数学者による計算機や数学に関するさまざまな "Opinion" が提示されており，刺激を求める方にはおすすめできます．[12]によると，ソクラテスがパイドロスに，書き言葉は有害な発明だと語ったそうです．その周辺にある「書き言葉」や「巻き物」を「計算機」に置き換えて読むと示唆的かもしれません．

　本稿作成にあたって，筑波大学の金子元さんには多くの有益な数学的背景を教えていただきました．ここに記して，感謝します．

参考文献

［1］A. Baker, *A concise introduction to the theory of numbers*, Cambridge University Press, 1984.

［2］A. Hales and R. Jewett, Regularity and positional games, *Trans. Amer. Math. Soc.* **106**(1963)222–229.（Wikipedia の記事「Hales–Jewett Theorem」も参照）

［3］S. Golomb, Martin Gardner and ticktacktoe, pp. 293–301 in *A lifetime of puzzles*: *A collection of puzzles in honor of Martin Gardner's 90th birthday*, E. D. Demaine, M. Demaines, and T. Rodgers eds., A K Peters, 2008.

［4］S. Eilers and R. Johansen, *Introduction to experimental mathematics*, Cambridge

Mathematical Textbooks, Cambridge University Press, 2017.

［5］ P. Zimmermann et al., *Computational Mathematics with SageMath*,
http://sagebook.gforge.inria.fr/english.htm

［6］ J. Borwein and P. Borwein, Strange series and high precision fraud, *Amer. Math. Monthly* **99** (1992) 622-640.

［7］ W. Press, *Seemingly remarkable mathematical coincidences are easy to generate*, University of Texas at Austin, 2009.（web から入手可能．Wikipedia の記事「Mathematical Coincidence」も参照）

［8］ G. Raayoni et al., The Ramanujan Machine: Automatically Generated Conjectures on Fundamental Constants, arXiv: 1907.00205

［9］ A129935 in On-Line Encyclopedia of Integer Sequences（OEIS），
https://oeis.org/A129935

［10］ D. Zeilberger, *Dr.Z's Opinions*,
https://sites.math.rutgers.edu/~zeilberg/OPINIONS.html

［11］ マーコ・ペトコブセク，ハーバート・S・ウィルフ，ドロン・ザイルバーガー著，小林姜治，伊藤尚史訳『A＝B──等式証明とコンピュータ』，トッパン，1997 年．

［12］ ウィリアム・パワーズ著，有賀裕子訳，『つながらない生活──「ネット世間」との距離のとり方』，プレジデント社，2012 年．

27 米澤佳己
出題者

初歩の解析学の教科書を見ると，連続性に関係した関数の例がいろいろ与えられています．今回はそのような例の一つとして次のような不連続な関数 f が存在することを示してください．（以後 $\mathbb{R}$ を実数全体の集合，$\mathbb{N}$ を自然数全体の集合とします．また，実数 $a < b$ に対して $(a,b) = \{x \in \mathbb{R} \mid a < x < b\}$ を開区間といいます．）

> $f: \mathbb{R} \to \mathbb{R}$ は実数値関数であって，関数 f の定義域を，いかなる空でない開区間 (a,b) へ制限したものも，すべての実数を値としてとる．

このような関数 f がすべての実数 x で不連続な関数であることは明らかです．

ヒントとして，次のような集合の族 A_α $(\alpha \in B)$ の存在を示し，利用していただいても構いません．

1) $B = \{1,2\}^{\mathbb{N}}$ は 1 と 2 のみを値としてとる無限数列の全体の集合．

2) 各 $\alpha \in B$ に対して $A_\alpha \subseteq \mathbb{R}$.

3) 各 $\alpha \in B$ と任意の空でない開区間 (a,b) に対して $A_\alpha \cap (a,b) \neq \emptyset$.

4) $\alpha, \beta \in B$, $\alpha \neq \beta$ ならば $A_\alpha \cap A_\beta = \emptyset$.

さらにこのような集合族の存在を示すために，集合族 X_α $(\alpha \in B)$ で

5) 各 $\alpha \in B$ に対して X_α は $\mathbb{N}$ の無限部分集合．

6) $\alpha, \beta \in B$, $\alpha \neq \beta$ ならば $X_\alpha \cap X_\beta$ は有限集合．

をみたすものを証明なしで使っていただいて構いません．（X_α $(\alpha \in B)$ の存在については『数学セミナー』2010 年 2 月号の「エレガントな解答をもとむ」に出題しています．解答は 2010 年 5 月号．）

また関数 $g: B \to \mathbb{R}$ ですべての実数を値としてとるものの存在も必要なら証明なしで利用していただいて構いません．

今回は 20 代 1 名，30 代 4 名，40 代 2 名，50 代 4 名，60 代 9 名，70 代 3 名，80 代 1 名，計 24 名の方から解答の応募をいただきました．

そのうち 13 名の方を正解とさせていただきます．

正解は大別して 4 通りのものがあり，その多くは問題に与えられたヒントに即したものです．しかし，一宮市・尾関昌孝さん，横浜市・水谷一さん，横浜市・秋さんからいただいた解答 3 は特別な数学的な道具をまったく利用していない簡単なものでしたので，これを今回のエレガントな解答としたいと思います．

以下では $B = \{1,2\}^{\mathbb{N}}$ の元 α をたとえば $\alpha = \langle 1,2,2,1,1,2,2,1,\cdots \rangle$ のように表し，その第 n 項目を α_n のように表すことにします．

（ヒントで $B = \{1, 2\}^{\mathbb{N}}$ と置いたので，実数を 3 進表現や 4 進表現で表している方が多かったようです．どれを用いても本質的には変わりません．この解説では主に 10 進表現を用いることにします．）

また，いくつか数学用語も定めておきましょう．関数 $f : X \to Y$ がすべての $y \in Y$ の値をとるとき「f は Y への全射である」と言い，$A \subseteqq \mathbb{R}$ が任意の空でない開区間 (a, b) に対して $A \cap (a, b) \neq \emptyset$ をみたすとき A は $\mathbb{R}$ で稠密な集合と言います．

解答 1

横浜市・山田正昭さん，大津市・栗原悠太郎さん，東京都・ζさん，東京都・高池建彦さん，八王子市・佐々木和美さんの解答で，出題時に与えたヒントに即したものです．

集合 A を $A = \left\{ \dfrac{a}{10^m} \,\middle|\, a \in \mathbb{Z}, \ m \in \mathbb{N} \right\}$ と置きます（$\mathbb{Z}$ は整数全体の集合）．これは有限 10 進小数の全体の集合で，$\mathbb{R}$ で稠密な集合です．ヒントにおける X_α の定め方は後に回すこととし，ヒントの 5), 6) をみたす X_α $(\alpha \in B)$ を用いて $u_\alpha = \displaystyle\sum_{n \in X_\alpha} \dfrac{1}{10^n}$ と定めます．つまり u_α は $X_\alpha = \{n_1, n_2, \cdots\}$ に対し，10 進小数展開の小数点下 n_i 桁目が 1 $(i = 1, 2, \cdots)$，その他の桁は 0 である実数のこととします．そして，$A_\alpha = \{x + u_\alpha \,|\, x \in A\}$ と置きます（A_α は集合 A を u_α だけ平行移動したもの）．これより，A_α がヒントの 2), 3) をみたすことは明らかです．A_α がヒントの 4) をみたすことを示しましょう．

$A_\alpha \cap A_\beta \neq \emptyset$ $(\alpha, \beta \in B, \ \alpha \neq \beta)$ を仮定し，その元を $x + u_\alpha = y + u_\beta$ $(x, y \in A)$ とします．$X_\alpha \cap X_\beta$ が有限集合であることと，x, y が有限 10 進小数であることより，ある自然数 n があって，任意の自然数 m $(m > n)$ について $m \notin X_\alpha \cap X_\beta$ であり，x, y の 10 進小数展開の小数点下 m 桁目は 0 になります．しかし，X_α は無限集合なので $\ell > n$，$\ell \in X_\alpha$ をみたす ℓ があります．すると $\ell \notin X_\beta$ をみたすので，$x + u_\alpha$ の小数点下 ℓ 桁目は 1 であり，$y + u_\beta$ の小数点下 ℓ 桁目は 0 となって $x + u_\alpha = y + u_\beta$ であることに反します．これで $A_\alpha \cap A_\beta = \emptyset$ が示せました．

次に B の元 $\langle 1, 1, 1, \cdots \rangle$ を $\overline{1}$，$\langle 2, 2, 2, \cdots \rangle$ を $\overline{2}$ と書くことにし，$k : B \to (0, 1)$ を

$$k(\alpha) = \begin{cases} \dfrac{1}{2} & \alpha = \bar{1} \text{ または } \alpha = \bar{2} \text{ のとき} \\[2mm] \sum\limits_{n=1}^{\infty} \dfrac{\alpha_n - 1}{2^n} & \text{その他のとき} \end{cases}$$

と置くと（$\bar{1}, \bar{2}$ 以外は $0 < y < 1$ の 2 進小数展開を表しているので）これは $(0,1)$ への全射です.

さらに $h\colon (0,1) \to \mathbb{R}$ で全射であるもの，たとえば $h(x) = \tan\!\left(\pi\!\left(x - \dfrac{1}{2}\right)\right)$ や $h(x) = \dfrac{1}{1-x} - \dfrac{1}{x}$ を用いて $g\colon B \to \mathbb{R}$ を $g(\alpha) = h(k(\alpha))$ とすれば g が $\mathbb{R}$ への全射になります. そして $f\colon \mathbb{R} \to \mathbb{R}$ を

$$f(x) = \begin{cases} g(\alpha) & x \in A_\alpha \text{ となる } \alpha \in B \text{ があるとき} \\ 0 & \text{その他のとき} \end{cases}$$

と定めると $\alpha \neq \beta$ ならば $A_\alpha \cap A_\beta = \emptyset$ なので，この関数 f は矛盾なく定義されています. すべての $\alpha \in B$ に対して A_α は $\mathbb{R}$ で稠密な集合なので，f の任意の空でない開区間 (a,b) への制限が $\mathbb{R}$ への全射となり問題の条件をみたす関数であることがわかります.

（ヒントの $5),6)$ をみたす X_α の例は，証明は略しますが，

$$X_\alpha = \left\{ \sum_{i=1}^{n} 10^{i-1} \alpha_i \,\middle|\, n \in \mathbb{N} \right\}$$
$$= \{\alpha_1, \alpha_1 + 10\alpha_2, \alpha_1 + 10\alpha_2 + 100\alpha_3, \cdots\}$$

とすれば得られます.）

解答 2

津市・人見賢悟さん，奈良県・野崎伸治さん，さいたま市・井上昌一さん，秋さん（方針 a）による解答で，実数上の差が有理数となる同値関係を用いたものです. この解答には多少集合論の知識が必要です. この解答に関しては集合の用語，性質を説明なく用います.

$\mathbb{Q}$ を有理数の全体に集合とし，$x, y \in \mathbb{R}$ に対して $x \sim y \Longleftrightarrow x - y \in \mathbb{Q}$ と定めると，これは $\mathbb{R}$ 上の同値関係になります. そこで $\mathbb{R}$ をこの同値関係で割った商集合を $\mathbb{R}/\mathbb{Q}$ とし，$\pi\colon \mathbb{R} \to \mathbb{R}/\mathbb{Q}$ をこの同値関係に関する自然な全射とします. 濃度の計算をすると $|(\mathbb{R}/\mathbb{Q}) \times \mathbb{Q}| = |\mathbb{R}|$ より，$|\mathbb{R}/\mathbb{Q}| = |\mathbb{R}|$ であることがわかります. そこで $r\colon \mathbb{R}/\mathbb{Q} \to \mathbb{R}$ を $\mathbb{R}$ への全射（全単射）にとり，関数 $f\colon \mathbb{R} \to \mathbb{R}$ を $f(x)$

$= r(\pi(x))$ と置くと，任意の空でない開区間 (a, b) への f の制限は $\mathbb{R}$ への全射になります．実際，任意の実数 y に対して $y = r(C)$ となる $C \in \mathbb{R}/\mathbb{Q}$ が存在します．$C \subseteq \mathbb{R}$ の代表元 $x_1 \in C$ をとると，$x_1 - x \in \mathbb{Q}$, $a < x < b$ なる x が存在します（C は $\mathbb{R}$ で稠密な集合）．よって $C = \pi(x_1) = \pi(x)$ となるので $f(x) = r(\pi(x)) = r(\pi(x_1)) = r(C) = y$ が得られます．

解答 3

尾関昌孝さん，水谷一さん，秋さん(方針 b)による解答です．

$x \in \mathbb{R}$ の 10 進小数展開を

$$\begin{cases} x \geqq 0 & \text{ならば} \quad x_0.x_1 x_2 \cdots \\ x < 0 & \text{ならば} \quad -x_0.x_1 x_2 \cdots \end{cases}$$

($x_0 \in \mathbb{N} \cup \{0\}$, $i \geqq 1 \rightarrow x_i = 0, 1, \cdots, 9$. ただし，ある桁以下 9 がずっと続く表記は用いない)と表示することにします．そして

$$D = \{x \mid x \text{ を } 10 \text{ 進小数展開したとき，現れる数値が } 0, 1 \text{ 以外は有限個のみ}\}$$

と置き，$v \colon \mathbb{R} \to [0, 1] \, (= \{x \in \mathbb{R} \mid 0 \leqq x \leqq 1\})$ を

$$x \in D \text{ に対し,} \quad v(x) = \sum_{i=1}^{\infty} \frac{x_{n+i}}{2^i}$$

（ただし n は $m > n$ なら $x_m \in \{0, 1\}$ となる 0 以上の最小の整数）

$$x \notin D \text{ に対し,} \quad v(x) = 0$$

と定めます．

つまり，$x \in D$ に対して x を 10 進小数展開したものの小数点下の最後に出た 0, 1 以外の数値までを全部取り除き，それ以後の 0, 1 の列を今度は 2 進小数とみなしたものが $v(x)$ の値です．

v がどんな空でない開区間 (a, b) に制限しても $[0, 1]$ への全射になることを示しましょう．

$y \in [0, 1]$ を任意にとり，その 2 進展開を $y = (0.y_1 y_2 \cdots)_2$ とします．（便宜上 $y = 1$ については $(0.111 \cdots)_2$ という 2 進表現を採用することにします．）また，以下簡単のため $0 < a < b$ とします．a, b が負の場合も多少の変更で同様に議論できます．

小数点下 n 桁の有限 10 進小数 $c = c_0.c_1 c_2 \cdots c_n$ で $a < c < c + \dfrac{4}{10^{n+1}} < b$ となる

ものを一つとります．（このような n と c は，以下のようにして得られます．$0 < a < b$ なので，$10^n(b-a) > 2$ となる自然数 n をとり，さらに $10^n a$ の整数部分を $m \geqq 0$ とします．すると $\dfrac{m}{10^n} \leqq a < \dfrac{m+1}{10^n}$ および $a + \dfrac{2}{10^n} < b$ より

$$a < \frac{m+1}{10^n} < \frac{m+1}{10^n} + \frac{4}{10^{n+1}} \leqq a + \frac{14}{10^{n+1}} < a + \frac{2}{10^n} < b$$

となるので $c = \dfrac{m+1}{10^n}$ とします．）

そして x を 10 進数展開で $x = c_0.c_1 c_2 \cdots c_n 3 y_1 y_2 \cdots$ とすると，$n+2$ 桁以後は $0, 1$ のみなので $x \in D$ かつ $a < x < b$ をみたし，$n+1$ 桁目が最後の $0, 1$ 以外の数値ですから $v(x) = (0.y_1 y_2 \cdots)_2 = y$ となり，v の (a, b) への制限は $\mathbb{R}$ への全射であることが示せました．後は解答 1 で与えた $h(x)$ を少し変更した $\bar{h}(x)$ を，$0 < x < 1$ に対し $\bar{h}(x) = h(x)$，$x = 0, 1$ に対し $\bar{h}(x) = 0$ とすれば，$\bar{h} \colon [0, 1] \to \mathbb{R}$ が $\mathbb{R}$ への全射になりますので，$f(x) = \bar{h}(v(x))$ が求める関数であることがわかります．

解答 4

福井市・森茂さん，横浜市・山本高行さんによる解答を少し修正したものです．

実数 $x \in (0, 1)$ の 2 進表現を $(0.x_1 x_2 \cdots)_2$（ただし，ある桁以後 1 がずっと続く表現は用いない）とするとき，$\alpha(x) = \langle x_1, x_2, \cdots \rangle \in \{0, 1\}^{\mathbb{N}}$ とします．そして $p \in (0, 1)$ に対して，

$$A_p = \left\{ x \in (0, 1) \,\middle|\, \lim_{n \to \infty} \frac{1}{n} \sum_{i=1}^{n} (\alpha(x))_i = p \right\}$$

と置き，$q \colon (0, 1) \to (0, 1)$ を

$$q(x) = \begin{cases} p & x \in A_p \text{ となる } p \in (0, 1) \text{ があるとき} \\ \dfrac{1}{2} & \text{その他のとき} \end{cases}$$

と定めます．各 $p \in (0, 1)$ に対し A_p は開区間 $(0, 1)$ で稠密な集合です．（なぜなら，空でない開区間 $(a, b) \subseteq (0, 1)$ に対し，解答 3 と同様にして小数点下 n 桁の有限 2 進小数 $c = (0.c_1 c_2 \cdots c_n)_2$ で $a < c < c + \dfrac{1}{2^n} < b$ となるものをとり，c の $n+1$ 桁目以後を延長して $\lim_{n \to \infty} \dfrac{1}{n} \sum_{i=1}^{n} (\alpha(x))_i = p$ になるように各桁を選んで $x \in (0, 1)$ を作ると $x \in A_p \cap (a, b)$ となるからです．）　そして，解答 1 で与えた関数

233

$h(x)$ を用いて $f(x) = h(q(h^{-1}(x)))$ と置けば $f \colon \mathbb{R} \to \mathbb{R}$ が求めている関数です．（森さんの解答では上の $q(x)$ の定義が場合分けせずに与えられていますが，x の値によっては $\lim\limits_{n \to \infty} \dfrac{1}{n} \sum\limits_{i=1}^{n} (\alpha(x))_i$ が収束しないことがあるので，上のような場合分けが必要です．）

　誤った解答としては，任意の空でない開区間 (a, b) と $\mathbb{R}$ との間に全単射があることを示されたものや，実数全体で不連続な関数を与えられたもの，$X_\alpha = \{(\alpha, r) \in B \times \mathbb{Q} \mid r \in \mathbb{Q}\}$, $A_\alpha = \{g(\alpha) + r \mid r \in \mathbb{Q}\}$（$g \colon B \to \mathbb{R}$ は全単射なもの）として，$\alpha \neq \beta$ ならば $X_\alpha \cap X_\beta = \emptyset$ なので $A_\alpha \cap A_\beta = \emptyset$ であるとされたものがありました．$X_\alpha \cap X_\beta = \emptyset$ は正しいですが，後半は正しくありません．

　この問題は，とある大学の学生への演習問題として「$f \colon \mathbb{R} \to \mathbb{R}$ が開写像であるけれど連続でない例を挙げよ」と出題されているのを見て，その一例として考えたものです．私は解答 1, 2 のみを想定していて，解答 3, 4 は考え付きませんでした．このコーナーに出題させていただくと，いつも新しいアイデアに触れることができ勉強になります．

問題1 テニスで5セットマッチを行います. 1回のプレーで勝つ確率が p のとき, 5セットマッチを制する確率はいくつでしょうか?

ゲームをとる確率 p_G, タイブレークのないセットをとる確率 p_S, タイブレークをとる確率 p_T, タイブレークのあるセットをとる確率 p_{ST}, 5セットマッチを制する確率 p_M を順に求めてみましょう. ($p = 0.5$ のときはすべて 0.5です. $p = 0.6$ のときは p_M はいくつでしょうか?)

問題2 A ポイントで1ゲーム, B ゲームで1セットとし, $2C-1$ セットマッチを行います. もちろんお互いが $A-1$ ポイントになったときのデュースのルールやお互いが $B-1$ ゲームになったときのルール, お互いが B ゲームになったときのタイブレークのルールは通常のテニスと同じです. このとき p_G, p_S, p_T, p_{ST}, p_M をできるだけエレガントに表してみてください. 前問は $A = 4$, $B = 6$, $C = 3$ の場合です.

まずはお詫びです. テニスのルール説明が不十分でご迷惑をおかけしました (ルールは出題篇(20ページ)でご確認ください). 例えば, ポイント 40 — 40 の後の「2ポイント連取」やゲーム 5 — 5 の後の「2ゲーム連取」などの「連取」の表現は正確には "2つの差をつける" の意味です. つまり even になってからの連取です. 複数の方からご指摘をいただきました. テニスのルールについては, たとえば『わかりやすいテニスのルール』(成美堂出版)などをご覧ください. 全体で22名の応募(10代1名, 20代, 30代, 40代各2名, 50代11名, 60代3名, 80代1名)がありました. ルールが分かりにくかったのか予想より応募は少なかったです.

問題1の解答

テニスはひょっとすると第1セットの第1ゲームからデュースを繰り返し終わらないこともありえます. したがって起こりうる場合が無限にあります. このようなときの確率を求めるのが問題1の主旨です. p_G は次ページ上のような表を作って考えると分かりやすいです. 表の数字が何を意味し, どのような仕組みで記入されるかを考えましょう. 太字のところでゲームを取ります. すると次の p_G の式の第1式が得られます. 第2式は等比数列の公式を使っています. 第3式は組み合わせの知識を使っての書き換えです.

	0	15	30	40	45			
0		1	1	1	**1**			
15	1	2	3	4	**4**			
30	1	3	6	10	**10**			
40	1	4	10	20	20	**20**		
45				20	40	40	**40**	
					40	80	80	**80**
						...	...	...

$$p_G = p^4 + 4p^4(1-p) + 10p^4(1-p)^2 + 20p^5(1-p)^3 + 40p^6(1-p)^4 + \cdots$$

$$= p^4 + 4p^4(1-p) + 10p^4(1-p)^2 + \frac{20p^5(1-p)^3}{1-2p(1-p)}$$

$$= p^4 \sum_{k=0}^{2} {}_{3+k}\mathrm{C}_k (1-p)^k + {}_6\mathrm{C}_3\, p^3(1-p)^3 \frac{p^2}{1-2p(1-p)}.$$

紙面の都合で表は省略しますが，p_S, p_T も同様です.

$$p_S = p_G^6 + 6p_G^6(1-p_G) + 21p_G^6(1-p_G)^2 + 56p_G^6(1-p_G)^3$$

$$+ 126p_G^6(1-p_G)^4 + \frac{252p_G^7(1-p_G)^5}{1-2p_G(1-p_G)}$$

$$= p_G^6 \sum_{k=0}^{4} {}_{5+k}\mathrm{C}_k(1-p_G)^k + {}_{10}\mathrm{C}_5\, p_G^5(1-p_G)^5 \frac{p_G^2}{1-2p_G(1-p_G)},$$

$$p_T = p^7 + 7p^7(1-p) + 28p^7(1-p)^2 + 84p^7(1-p)^3 + 210p^7(1-p)^4$$

$$+ 462p^7(1-p)^5 + \frac{924p^8(1-p)^6}{1-2p(1-p)}$$

$$= p^7 \sum_{k=0}^{5} {}_{6+k}\mathrm{C}_k(1-p)^k + {}_{12}\mathrm{C}_6\, p^6(1-p)^6 \frac{p^2}{1-2p(1-p)}.$$

p_{ST} は次の表から得られます. 太字の 504 の後にタイブレークが続きます.

	0	1	2	3	4	5	6	7
0		1	1	1	1	1	**1**	
1	1	2	3	4	5	6	**6**	
2	1	3	6	10	15	21	**21**	
3	1	4	10	20	35	56	**56**	
4	1	5	15	35	70	126	**126**	
5	1	6	21	56	126	252	252	**252**
6						252	**504**	

$$p_{ST} = p_G^6 + 6p_G^6(1-p_G) + 21p_G^6(1-p_G)^2 + 56p_G^6(1-p_G)^3$$
$$+ 126p_G^6(1-p_G)^4 + 252p_G^7(1-p_G)^5 + 504p_G^6(1-p_G)^6 p_T$$
$$= p_G^6 \sum_{k=0}^{4} {}_{5+k}\mathrm{C}_k (1-p_G)^k + {}_{10}\mathrm{C}_5 \, p_G^5 (1-p_G)^5 (p_G^2 + {}_2\mathrm{C}_1 p_G(1-p_G)p_T).$$

そして p_M も次の表より求めることができます.

	0	1	2	3
0		1	1	**1**
1	1	2	3	**3**
2	1	3	**6**	

$$p_M = p_{ST}^3 + 3p_{ST}^3(1-p_{ST}) + 6p_{ST}^2(1-p_{ST})^2 p_S$$
$$= p_{ST}^3 \sum_{k=0}^{1} {}_{2+k}\mathrm{C}_k (1-p_{ST})^k + {}_4\mathrm{C}_2 \, p_{ST}^2 (1-p_{ST})^2 p_S.$$

ここで実際に $p = 0.6$ としてみると小数点以下 5 桁を四捨五入して

$$p_G = 0.7357, \qquad p_S = 0.9661, \qquad p_T = 0.7875,$$
$$p_{ST} = 0.9634, \qquad p_M = 0.9996$$

となります.

約半数の 10 名の方が正解を得ました. p_S を間違えられた方が多かったのですが, これは題意の解釈違いによるもので, 本質は理解されていました.

問題2の解答

問題 1 の解答で求めた式の形で一般形を得ることは容易です. この問題の主旨は "似た表" を使って "似た式" が得られているのだから, すべてを 1 つの式で書けないか? エレガントにまとめることはできないか? という意味です. もちろん答えは 1 つとは限りません. 私が用意した答えは

$$W(p) = \frac{p^2}{1-2p(1-p)},$$
$$W(p, N, T) = p^N \sum_{k=0}^{N-2} {}_{N-1+k}\mathrm{C}_k (1-p)^k + {}_{2(N-1)}\mathrm{C}_{N-1} p^{N-1}(1-p)^{N-1}T$$

と置くと

$$p_G(p) = W(p, A, W(p)),$$
$$p_S(p) = W(p_G(p), B, W(p_G(p))),$$
$$p_T(p) = W(p, 7, W(p)),$$
$$p_{ST}(p) = W(p_G(p), B, W(p_G(p), 2, W(p, 7, W(p)))),$$
$$p_M(p) = W(p_{ST}(p), C, p_S(p))$$

です. p の関数の形で書いています.

$$W(p, 2, W(p)) = W(p)$$

となることにも注意しておきましょう. この答えのエレガントさは p_{ST} と p_M も W を使って書いている点です. これと同じ解答はありませんでしたが, 三重県・奥田真吾さんと東京都・ζさんは p_{ST} と p_M の記述に, もうひとつ式を用意して各確率を記述することに成功しました. 一応題意を一番理解されたということで正解とします. 半田市・水野修さんもよい式を定義しています. また解答には至りませんでしたが, 横浜市・yk さん, 横浜市・髙橋利之さん, 横浜市・水谷一さんも汎用な式に注目されていました.

ちょうど出題を依頼されたとき(2009 年 7 月), ウィンブルトンの男子シングルスの決勝の最中でした. ロジャー・フェデラー(スイス)がアンディ・ロディック(アメリカ)を 5 ― 7, 7 ― 6(8 ― 6), 7 ― 6(7 ― 5), 3 ― 6, 16 ― 14(括弧はタイブレークのポイント)のフルセットで下し, 2 年ぶり 6 度目の優勝を飾りました. そこでふっと今回の問題を思いつきました. 正直, 後で解答に苦労しました.

ところで複数の方からご指摘がありましたが, 2 人の間で p は求められるのでしょうか? 生涯対戦ゲーム数を使うなど工夫はできるかもしれませんが, やはり数学の上での実力差と思った方が無難でしょう. 実際の試合ではいろいろな駆け引きがあり計算通りにはいきません. これこそスポーツの面白さですね.

29 出題者 山田修司

鬼ヶ島に鬼退治に行った桃太郎と金太郎と浦島太郎は，逆に鬼に捕まってしまい，大鍋の中に作られた三叉シーソーの中心に置かれてしまった．三叉シーソーは，中心から3方向に鍋の外まで延びた，曲がりくねった棒でできている．三人がここから脱出するには，棒の先まで歩いて行くほかないのだが，三人のバランスが少しでも崩れると，煮えたぎる大鍋の中に落ちてしまう．さあ，三人はこの窮地から脱することができるだろうか．幸いにも，三人の体重はみな同じで，三叉シーソーは図のような三菱形の範囲内に作られているものとする．

誤解のないよう，問題を数学的に表現しておく．正三角形の中心 O と頂点 A, B, C とをそれぞれ結ぶ，有限個の線分でできた折れ線 l_1, l_2, l_3 がある．ただし，それらは，O を通り

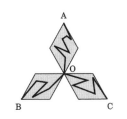

各辺と平行な3本の線分で三角形を区切ってできる三菱形内にあるとする．このとき，3個の動点 P, Q, R を O から A, B, C まで l_1, l_2, l_3 上をそれぞれ連続に動かして，三角形 PQR の重心が常に O であるようにすることができるか．

折れ線を滑らかな曲線として解答してもよい．また，証明の簡略化のために，"3本の折れ線のどの部分も平行ではない" ということを仮定してもよい．

解答を寄せていただいたのは，30代1名，40代4名，50代10名，60代2名の計18名の方でした．ストーリー性を持たせた問題文にして，若い方からの応募を期待したのですが，10代の方からの解答がないという残念な結果になってしまいました．簡単そうで，じつは奥が深い問題なのですが，その簡単な部分で，つまらないと感じてしまったせいかも知れません．あるいは，問題文に数学らしさがなかったせいかも知れません．

結論から先に言いますと「大鍋上の三人は助かる」が正解です（もちろん，バランスをとるだけの運動神経が三人にあったらの話ですが）．この助かるという結論を出されたのは1名を除いてほぼ全員の方でした．しかし，証明としては満足できない解答が多く，証明には不備があるけれども投稿してみたと自ら認めている方もおられました．

ただし，ここで謝っておかなければならないことがあります．というのは，問題のヒントに「折れ線を滑らかな曲線として解答してもよい」とありましたが，

これは間違いであることが出題後にわかりました．滑らかな曲線，もっと厳密に言えば，無限回微分可能な曲線でシーソーが構成されていた場合，脱出不可能となる場合があります．これについては，後で詳しく述べることにします．

それでは，l_1, l_2, l_3 が折れ線で構成されていて，しかも折れ線のどの二つの部分も平行なものはないとした場合，動点 P, Q, R を題意の条件を満たしたまま原点 O から A, B, C まで連続的に動かすことができることを示します．ここでもう一つ謝っておかなければならないのは，問題文にある「三菱形内にある」という表現に曖昧さがあった点です．厳密には「両端点を除いて三菱形の内部にある」というべきでした．

3個の平面ベクトル $\vec{a}, \vec{b}, \vec{c}$ に対して，各々の始点を原点としたとき，$\vec{a}, \vec{b}, \vec{c}$ の終点を頂点とする三角形が内部に原点を含むならば，$\{\vec{a}, \vec{b}, \vec{c}\}$ は全方的である，ということにします．すなわち，$\vec{a}, \vec{b}, \vec{c}$ の正係数線形結合で任意のベクトルを表すことができるときに全方的であるといいます．（この用語はここだけの造語ですから，他の場所では使わないでください．）このとき，$\vec{a}, \vec{b}, \vec{c}$ の線形結合で零ベクトルを表すときの係数は，福山市・黒尾ヒカル氏の解答にもありました次の補題で与えられます．

補題 1 3個の単位平面ベクトル $\vec{a}, \vec{b}, \vec{c}$ があり，$\vec{b}$ と $\vec{c}$ との成す角を α，$\vec{c}$ と $\vec{a}$ との成す角を β，$\vec{a}$ と $\vec{b}$ との成す角を γ とするとき，

$$\sin \alpha \vec{a} + \sin \beta \vec{b} + \sin \gamma \vec{c} = 0.$$

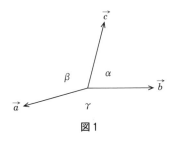

図1

　この補題の証明にはいろいろな方法がありますが，やはり黒尾氏の解答にあった証明を述べておきます．

証明　全体を原点の回りに回転させ，$\vec{a}$ が x 軸の正の方向に向くようにすると，$\vec{a} = (1, 0)$，$\vec{b} = (\cos \gamma, \sin \gamma)$，$\vec{c} = (\cos \beta, -\sin \beta)$ となる．ここで，$\beta + \gamma = 2\pi - \alpha$ であることに注意すると，$\sin \alpha \vec{a} + \sin \beta \vec{b} + \sin \gamma \vec{c} = (\sin \alpha + \sin \beta \cos \gamma + \sin \gamma \cos \beta, \sin \beta \sin \gamma - \sin \gamma \sin \beta) = (0, 0)$ となる．∎

　3 点 P, Q, R の位置ベクトルを $\vec{p}, \vec{q}, \vec{r}$ とするとき，3 点の重心の位置ベクトルは $\frac{1}{3}(\vec{p} + \vec{q} + \vec{r})$ です．したがって，P, Q, R の重心が動かないように P, Q, R を動かすためには，それらの速度ベクトル $\vec{p'}, \vec{q'}, \vec{r'}$ は $\vec{p'} + \vec{q'} + \vec{r'} = 0$ という条件を満たさなければならないことがわかります．

　ところで折れ線の両端の点以外の点において折れ線に沿って進む向きには，2 つの方向があります．また，l_1, l_2, l_3 の両端点を除いて，それらは三菱形の内部にあるので，P, Q, R がすべて原点 O かあるいはすべて A, B, C に一致しているとき以外は，P, Q, R のいずれかが原点あるいは A, B, C に一致することはないことに注意します．そこで，出発時でも到達時でもないある時点での 3 動点 P, Q, R の位置における，折れ線に沿った 2 つの方向の単位ベクトルの組を，それぞれ $\{\vec{a_1}, \vec{a_2}\}, \{\vec{b_1}, \vec{b_2}\}, \{\vec{c_1}, \vec{c_2}\}$ とおきます．このとき，次の補題が成立します．

補題 2　$\{\vec{a_1}, \vec{a_2}\}, \{\vec{b_1}, \vec{b_2}\}, \{\vec{c_1}, \vec{c_2}\}$ の 3 つの組それぞれから，いずれか 1 つずつを選んでできる三つ組 $\{\vec{a_i}, \vec{b_j}, \vec{c_k}\}$ $(i, j, k = 1, 2)$ の中で，全方的であるようなものは偶数組ある．

証明　まず，$\vec{a_1}, \vec{a_2}, \vec{b_1}, \vec{b_2}, \vec{c_1}, \vec{c_2}$ の中のいずれか一つのベクトルを回転させたとき，全方的であるような組の個数がどのように変化するかを考察する．たとえば，図2のように $\vec{a_1}$ が回転し，$-\vec{b_1}$ の方向を横切ったとする．このとき，$\{\vec{a_1}, \vec{b_1}, \vec{c_1}\}$ および $\{\vec{a_1}, \vec{b_1}, \vec{c_2}\}$ の三つ組が，全方的かどうかが変化し，その他の三つ組が全方位かどうかは変化しない．よって，$\vec{a_1}$ が $-\vec{b_1}$ を横切る前後における，全方的であるものの個数の変化は偶数である．このことは，他の状況においても同様に成立するので，6個のベクトルをどのように回転させても，全方的である三つ組の個数は偶数しか変化しない．特に，6個のベクトルすべてが上半平面にあるときには，全方的である三つ組は存在しないので，その個数は0個である．したがって，いかなる場合でも全方的である三つ組の個数は偶数個である．　∎

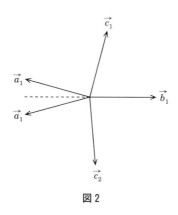

図2

　ある時点での3動点 P, Q, R の位置における折れ線に沿った方向に，全方的である三つ組があると，その方向へ3動点を補題1の速さで動かすことにより，動点の重心を不動のままにすることができます．補題2は，その動かす方向の組み合わせが，どのような場合でも偶数個あることを意味しています．ただし，3動点すべてが原点あるいは A, B, C にあるときは，動かす方向の組み合わせは，一通りしかありません．

　$l_1 \times l_2 \times l_3$ という空間を考え，この空間上の点の座標の3成分がそれぞれ3動点 P, Q, R の位置を意味することとします．この空間上の点で，それが意味する3動点 P, Q, R の重心が原点となっているものを考え，そのような点全体を X としま

しょう．もちろん，X は(O, O, O)と(A, B, C)とを含んでいます．P, Q, R がその重心が原点であるという条件を満たしながら連続的に原点 O から A, B, C まで移動できるということは，(O, O, O)から(A, B, C)まで X 上のみを通って行ける，ということです．このことは，X の同一の連結成分に(O, O, O)と(A, B, C)とが含まれている，と言い換えてもいいでしょう．（厳密には，弧状連結成分というべきですが．）

X 上の点で，その点から X が伸びている方向が 2 個ではないようなものを"頂点"とし，X からそれら頂点すべてを取り除いた残りの部分を"辺"ということにします．頂点となる点の 3 座標のいずれかは折れ線の折れ曲がった点であるので，頂点の個数は有限であり，したがって X は有限の頂点と辺とをもったグラフとなります．

ところで，補題 2 によると，X の各点において X が伸びている方向は，常に偶数個あります．ただし，(O, O, O)と(A, B, C)においては，1 方向しかありません．ここで，握手定理とも呼ばれる，グラフ理論において基本的な次の定理を考えましょう．

握手定理　グラフにおいて，頂点から出ている辺の本数（これを頂点の次数という）を，すべての頂点にわたって足しあげると，偶数になる．

証明　頂点の次数の総和は，辺の個数の 2 倍であるので，偶数である．　∎

そこで，(O, O, O)を含む X の連結成分 X_0 を考えます．もしも X_0 が(A, B, C)を含まなかったとすると，X_0 の頂点の次数は(O, O, O)だけが奇数でその他の頂点は偶数となり，これは握手定理に反します．したがって，X_0 は(A, B, C)を含むことになります．以上により，(O, O, O)という状態から(A, B, C)という状態へ連続的に移動できることが証明されました．

折れ線を構成する線分に平行なものがある場合，X は頂点と辺だけの 1 次元の図形ではなく，四角形も含めた 2 次元の図形になります．したがって，上のようなグラフ理論の命題に持ち込めないので難しくなりますが，きちんと考察すれば同様に成り立つことが示されます．

近視眼的に，ただ新しい方向に一歩を踏み出すというだけでは，同じ場所をぐるぐる回るだけで目的の場所まで至らない可能性があります．それを排除するためには，上で述べた証明のように，$l_1 \times l_2 \times l_3$ という空間の中で X がどのような形をしているのか，ということを考察する必要があります．このような考察まできちんと行っているのは，東京都・ζ氏だけでした．横浜市・水谷一氏も同様の空間を使ってはいますが，考察に少しだけ不十分な点がありました．黒尾氏，福山市・山本哲也氏，山口県・高橋秀明氏，つくば市・yaz 氏は，この空間を用いてはいませんが，同じ道をぐるぐると回らないように進むことができる，ということを明言されています．しかし，その根拠の議論が詰め切れていませんでした．

ところで，次の命題が成立します．

命題 l_1 上の点 P の任意の位置に対して，l_2, l_3 上の点 Q, R の位置をうまく定めれば P, Q, R の重心が原点となるようにとれる．

しかし，実際に折れ線に沿って動点を動かしてみればわかりますが，P に対して定まる Q, R の位置は連続に変化するとは限りません．したがって，この命題をもとに無理矢理に P を O から A まで動かしても，解にはならないのです．このような解答が最も多く，6 名いました．

l_1, l_2, l_3 が有限個の折れ線で構成されているときには，(O, O, O) から (A, B, C) まで行き着くことができますが，l_1, l_2, l_3 が滑らかな曲線であるときには，できない場合があります．ここで，滑らかな曲線とは，曲線上を一定の速さで動点が動くとしたとき，その各座標が時間に関して無限回微分可能な関数となっている曲線のことです．そのような例を構成してみましょう．

次のような二つの無限回微分可能な関数を用意します．

$$f(t) = \begin{cases} 0 & t \le 0 \\ e^{-\frac{1}{t}} & t > 0 \end{cases}$$

$$g(t) = \begin{cases} 0 & t \le 0 \\ e^{-\frac{1}{t}} \sin\left(\frac{1}{t}\right) & t > 0 \end{cases}$$

$f(t)$ は，正の方向から原点に近づくと急速に 0 に減少し，$t \leqq 0$ においては定数 0 となります．また，$g(t)$ は，正の方向から原点に近づくと無限回振動しながら急速に 0 に減少し，$t \leqq 0$ においては定数 0 となります．これらの関数を用いて，三叉シーソーを図3のように構成します．

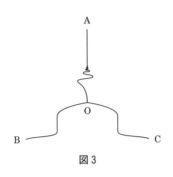

図3

　B および C に至る道上の直線部分は，OA と平行で，線分 OB および OC とその中点で交わるような位置にあり，この直線部分は関数 f を用いて残りの曲った部分と接続しているようにします．また，A に至る道上の振動している部分には関数 g が用いられており，振動部分の収束先は線分 OA の中点とします．この三叉シーソー上を P が O から A まで移動する途中で無限回振動する部分を通る間に，Q および R はそれぞれ直線部分全体を無限回上下する必要があります．これは連続的な動きとしては不可能ですので，このような三叉シーソーの場合には A, B, C には行き着けないことになります．

　三叉シーソーが直線部分のない滑らかな曲線で構成されているとき，(O, O, O) から (A, B, C) に到達可能であるかどうか，という問題が残されていますが，興味のある方の考察を待っております．

［え／井川泰年］

テニスコートを2面使って，アイウエオカキクの8人がダブルスの総当たり戦をすることになりました．下図のように一方のコートの両エンドを A, B，他方を C, D として各試合の最初に入る場所を割当てて組合せを決め，A 対 B と C 対 D の試合を同時に行います．

［例］	ア	イ	ウ	エ	オ	カ	キ	ク
第1試合	A	A	B	B	C	C	D	D
第2試合	C	B	D	A	D	B	A	C
⋮	⋮	⋮	⋮	⋮	⋮	⋮	⋮	⋮
第7試合								

上の例のような組合せ表を，下の条件で第7試合まで作ってください．（第1試合は例と同じにします．）

1. 各人7試合の間に全部の相手と2回ずつ対戦し，かつ毎回新しい人とペアを組む．

2. その表の各人を下の方法で採点し，なるべく点数の高い表を作ってください．点数は8人の個人点を合計します．（はじめは0点）

  (*) 第4試合までに全員と対戦する人は　+4点
  (*) 組合せ表に $ABCD$ が全部ある人は　+2点
  (*) $ABCD$ のどれかがちょうど3個ある人は，その3個について　−3点
  (*) どれかがちょうど4個あれば，その4個について　−6点
  (*) どれかが5個以上あれば　−10点

なお，採点は見やすい表などを使って記述してください．

解答者は14名，年齢別では，20代1，30代2，40代7，50代2，60代1，70代1，という大変きれいな分布になりました．また，自己採点の結果は，37点8名，36点2名，31点2名，23点1名，−1点1名でした．

解答はコンピュータにまかせたもの，交換を繰り返して点数をふやしていったもの，両コートに振り分ける組合せ，あるいは各コートに入る回数に対する制限などに注目したもの，3次元ベクトルに組合せを対応させたもの等々，多種に分れました．そのうち37点の解答を得たのは9名，さらに37点が最高であることを示したのは，横浜市・水谷一氏，新潟県・尾神岳氏，秋田市・千葉隆氏の3氏で

した. 36点だった2名はちょっとした工夫で1点ふやせる解答でした.

　最高点の組合せ表はいろいろな書き方がありますが，どれも，特定の1人を全試合同じコートに入れ，両エンドのうち一方を4回，他方を3回割当てたものになります(このとき残り7人は減点0にする). 下記解答例の表は，アを特定の1人とした解答例です.

　この問題は，一見コート配分がなるべく片寄らない組合せを求めているようですが，それにこだわると得点が上がりません. 以下高い得点になった人の解答を中心に解法を見ていきます.

解答例 　(37点)

試合		ア	イ	ウ	エ	オ	カ	キ	ク		ア	イ	ウ	エ	オ	カ	キ	ク
第1		A	A	B	B	C	C	D	D		ウエ	ウエ	アイ	アイ	キク	キク	オカ	オカ
第2	最	A	C	A	C	B	D	B	D		オキ	オカ	オカ	カク	アイ	イウ	アウ	イエ
第3	初の	A	D	D	A	C	B	B	C	対戦	カキ	オク	オク	カキ	イウ	アエ	アエ	イウ
第4	位置	A	B	D	C	D	C	A	B	相手	イク	アキ	エク	ウエ	エオ	ウオ	イク	アキ
第5		B	A	C	D	A	B	D	C		イオ	アカ	エオ	ウキ	カク	アカ	オク	エキ
第6		B	C	A	D	D	A	C	B		ウカ	オエ	アク	イキ	イキ	アク	エオ	オカ
第7		B	D	C	A	B	D	C	A		エク	ウキ	イカ	アク	エオ	ウイ	イカ	アオ
点数		-9	2	2	2	2	2	2	2		4	4	4	4	4	4	4	4

　同じコートで試合する4人の集まりをグループと呼ぶと，問の条件1から次の(1)が成立つ.

　　◎どの2人も3回だけ同グループになる　　　　　　　　　　　　……(1)

　さらに次の(2)が成立つ.（千葉氏，川崎市・岡部太郎氏）

　　◎どの3人も1回だけ同グループになる　　　　　　　　　　　　……(2)

(2)の証明　その3人(P, Q, Rとする)のうち2人が入るグループを1点，全員入るグループをPQ, QR, RPの合計で3点と数えれば，各試合とも一方のグループ（コート）が0点，他方が1点または3点になる．

また(1)より，PQ, QR, RPそれぞれによる点数は3点なので，全試合合計して9点になる．したがって7回の試合は3点1回，1点6回である．

∴　どの3人も必ず1回だけ同グループに入る．　　　　　　　　（証明終り）

(1)と(2)を使って，ア，イ，…，クに$1, 2, \cdots, 8$を適当に割当てれば，両コートへのグループ分けは(3)のように7試合について一義的にきめられる．

$$
\left.
\begin{array}{lll}
(1234)-(5678) & (1256)-(3478) & (1278)-(3456) \\
(1357)-(2468) & (1368)-(2457) & \\
(1458)-(2367) & (1467)-(2358) &
\end{array}
\right\} \quad \cdots\cdots(3)
$$

また，尾神岳氏と千葉氏は，

◎ある人がコート(AB)を3回，(CD)を4回使うとすれば，残りの7人も（AB）を奇数回使う．　　　　　　　　　　　　　　　　……(4)

を証明し，尾神岳氏はこれから具体例を作り，さらに37点が最高になることを示した．千葉氏は同じく最大になることの証明にこれを使った．ただし後から見れば自明なことだが，一方のコートを3回だけ使う人が必ずいることを一言いった方がよいと思う．

(4)の証明は，Pが3回（AB）に入り，4回（CD）に入ったとすれば，P以外の人Qは3回だけPと同じグループに入るので，（AB）に入る回数が必ず奇数になることで示される．

(4)から，P以外の7人の中で（AB）を1回，3回，5回，7回使う人数をそれぞれi, j, k, l人とすると，

$$
\left.
\begin{array}{l}
i+j+k+l = 7 \\
i+3j+5k+7l = 28-3 = 25
\end{array}
\right\} \quad \cdots\cdots(5)
$$

が成り立つ．満点$(4+2)\times 8 = 48$からの減点を考えると，Pは減点0にできるが，i人は（CD）に6回入るので減点$8(=2+6)$以上，j人は0以上，k人は3以上，l

人は $11(=2+3+6)$ 以上，したがって全員の減点は，

$$M = 8i + 3k + 11j$$

とおいて，M 以上になる．

(5)の解 $(i, j, k, l) = (3, 0, 3, 1), (2, 2, 2, 1), (1, 4, 1, 1), \cdots$ などを M の小さい順に並べると，

$$(0, 5, 2, 0)_{M=6}, \qquad (0, 6, 0, 1)_{M=11}, \qquad (1, 3, 3, 0)_{M=17}, \qquad \cdots$$

となる．ところが $M = 6$ の場合，アとイが (AB) に5回入るとして，試合順を下のようにすれば，

$(\bigcirc$ は (AB) に入る試合$)$

P を含む残り6人は全員 (AB) コートに3試合だけ入るから，第3試合までに1回，第4第5と第6第7に各1回入ることになる．したがって第4第5試合ではアとイは動かず残りの人が3人いっしょに入れ替わるため破綻する．（尾神岳氏）

千葉氏は $(0, 5, 2, 0)_{M=6}$ を(3)のグループ分けに適用して，1と2が (AB) に5回入るとすれば，後の4試合をどう振り分けても，(AB) に5回入る人がもう一人生ずることから $M = 6$ の破綻，したがって $M = 11$ が最大になることを示した．

一方，水谷氏の解は大変ユニークなものだった．少し表現を変えて紹介する．

1辺1の立方体の頂点に0〜7の番号をつけ，これに8人を適当に割当てる．さらに6つの面を鏡として立方体の中から眺めると，各格子点に番号のついた立法格子の空間が現れる．立方体内の2頂点を結ぶ直線をこの空間に延長すると2つの番号の格子点が交互に並ぶ．立方体の8頂点からこの直線に平行線を引けば，4種類の直線上にそれぞれ2個ずつの頂点が交互に並ぶ，また頂点の異なる2本の平行線でつくる平面は4種の番号だけを含み，その面を立方体のどちらかの辺の方向に1だけ平行移動すれば，残った4つの番号だけの平面になる．

水谷氏は同一平面上にある4人を同じコートのグループ，それと平行な平面上

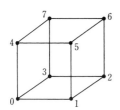
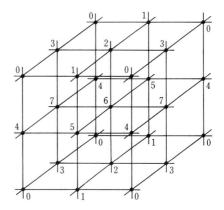

の他の4人を別のグループとし，ペアを組む2人を直線で結ぶと両グループの4直線が平行になることを証明した．

たとえば図のような配置で12と03が(AB)で対戦し，54と67が(CD)で対戦したとき

12 ∥ 03 ∦ 54 ∥ 67

となるが，56がペアになる試合では，対戦相手となる平行なペアのうち47は(2)に反し，12,03はペアを作れないから試合が成立しない．したがって4組のペアはすべて平行になる．ただし「平行」は立方格子上で考えるから，たとえば

02 ∥ 13 ∥ 46 ∥ 57⊥02,04

となる(02⊥02に注意，格子の図参照)．

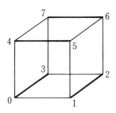

立方体で0から他の7点を結ぶベクトルを7試合に対応させ，そのベクトルに垂直な2種類の面で両コートのグループをきめれば，同じ3人が2回同じグループになることはなく，(3)がすぐに得られる．逆に問の条件を満たす組合せは，上

記の8頂点への8人の配置で表わせることも加法群の同型を使って証明できる.

さらに(3)から37点の組合せを作ったあと，それが最高点であることの証明には，一方のコートに入る回数が全員偶数か全員奇数であることを使った.

(CD)に入る回数をすべて偶数とし，その条件でのグループ交換（2試合同時に行う）を行ったとき，

◎(CD)に入る回数が0,4,8になる人の数は0,4,8人のいずれかになる.

......(6)

が証明され，これによって前に検討した $M = 6$ の場合は最初から除外されるから，すぐに $M = 11$ で最大になることが示される.

以上，説明はやや不充分だったと思いますが，それぞれ工夫と奮闘のあとをしのばせてくれる力作が多く，大変読みごたえがありました.

問題はもともと10人前後のグループが，コート2面で勝っても負けても4ゲームという短い試合を繰り返すとき，組合せをどうきめたらよいかという実用上の問題から生じました．したがってパートナーと対戦相手だけが問題で，コートやエンドの配分はあとからのつけ足しです.

2面4エンド8人というのが面白い関係をいくつも生みだす原因と思いますが，岡部氏は9人の総当たり戦9試合の組合せを次の4条件で作りました.

○ 各人1回休憩する.
○ 全員とそれぞれ1回組み2回対戦する.
○ すべてのエンドに2回入る. ┐
○ その両サイド(左右)に1回ずつ入る. ┘ 開始時

また前記グループで実際上もっと必要なのは，定刻より遅れて来た人をすぐ次の試合に参加させ，しかも同じペアを作らない（7試合まで）組合せ方法ですが，これは途中で早く帰る人がいなければ可能です．興味のある人は作ってみてください.

出題者
有澤 誠

　図のような「計算の庭」を考えます．入口
でサイコロを振って出た目の整数（1〜6）を受
け取ります．庭にあるゲートをくぐるたびに，
そこに書いてある演算を施します．値がちょ
うど 100 になったら出口から出ることができ
ます．
　4 個のゲートは加減乗除（$+p, -q, \times r, \div s$）
が 1 個ずつあり，何度でもくぐれます．どの
ゲートも最低 1 度はくぐらなければいけませ
ん．計算途中で正整数でない値になっても，

負数や分数を含めて正しく計算します．大き
な数のオーヴァフロウもありません．
　それでは問題．入口の数を固定すると，出
口に達するためにゲートをくぐる回数の最小
値が定まります．入口の値ごとに変わる最小
値の中で最小なものを最大にするように
（Max-Min-Min），4 個の整数パラメータ p〜
s を決めてください．
　ただし，整数 p〜s は 3〜6 から相異なる値
を選び，かつ計算途中でどんな値になっても，
必ず出口から抜け出せるようになっているも
のとします．
　手作業ではなくコンピュータを使って解く
場合には，入口の数の範囲や p〜s のとる値
を広げたりゲートの数を増やすなど，問題を
適正な規模に拡げていただいても結構です．
　今回は，東京藝術大学の佐藤雅彦さんと桐
山孝司さんによる「計算の庭」に基づいた出
題です．ただし本問の諸条件は，佐藤さんた
ちが設定したものとは少し異なります．

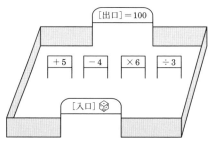

図　「計算の庭」の見取り図

　今回の出題は，東京藝術大学の佐藤雅彦さん（現在，名誉教授）と桐山孝司さん
による「計算の庭」に基づいて，いくつか諸条件を変更したものを考えていただ
きました．20 代 1 名，30 代 1 名，40 代 2 名，50 代 5 名，70 代 1 名の 10 名プラス
1 グループで計 11 通の応募がありました．
　最も多かった答は，
　　$(p, q, r, s) = (4, 5, 3, 6)$ と $(5, 6, 3, 4)$
のとき 8 回という想定外のもので，過半数の 6 通を占めました．出題の意図が正
しく伝わっていなかったかと心配になりました．条件の中に「計算途中でどんな
値になっても，必ず出口から抜けられる」ことがあります．たとえば入口で得た
値が 1 で $\div 6$ のゲートを通ると値は $\frac{1}{6}$ になります．これを整数に戻すには $\times 3$
では不十分ですから，s の値として 6 は不適格です．同様の考察から，(p, q, r, s)

として適格な場合は 4 通り

$$(4, 5, 6, 3), (5, 4, 6, 3), (3, 5, 6, 4), (5, 3, 6, 4)$$

だけです．それぞれについて 6 通りの入口の値ごとに計 24 通りの場合のゲートを通る最小回数を調べて，それを最大にするものを探すと，$(5, 3, 6, 4)$ のとき 7 回という答が出ます．千葉隆（秋田市），水谷一（横浜市），水野修（半田市）のかたがたが，この解答を寄せてくださいました．

　たとえば次のようになります．最初が 2 のとき，

$$(\div 4) で \frac{1}{2}, \quad (+5) で \frac{11}{2}, \quad (-3) で \frac{5}{2}, \quad (\times 6) で 15,$$

$$(\times 6) で 90, \quad (+5) で 95, \quad (+5) で 100,$$

これでゴール．

　7 回かかる手順を見つけることは，手作業では意外にたいへんのようでした．ここでの条件を無視すれば，$4! \times 6 = 144$ 通りの場合を調べることになり，手作業には向きません．コンピュータを使うときは問題を適性な規模に拡げることを示唆したのも，24 通りは手作業が可能な範囲だと考えたからです．でも常連の N さんが「ゲートの数を増やすことは，合理的に選ぶことがむずかしくて気乗りがしない」という意味のことを書いておられたように，おもしろい結果を見つけてくださった解答はありませんでした．

　佐藤雅彦さんと桐山孝司さんの本家「計算の庭」では，本問の出題と比べて次の 2 点で条件が異なっています．

（1）ゲートは好きなものだけ任意回（0 回も可）くぐれる．

（2）計算は整数の範囲で行い，割り算で分数になってしまうときは無効演算（NOP：何も演算しない）になる．

「計算の庭」は 2007 年 10 月 13 日〜2008 年 1 月 14 日の期間，六本木ヒルズにある森美術館の「六本木クロッシング」という催しの中で展示していました．さらに 2008 年 4 月 19 日〜2009 年 8 月 31 日の期間，NTT インターコミュニケーション・センター［ICC］（京王新線初台駅東口徒歩 2 分，東京オペラシティタワー 4 階，

佐藤雅彦＋桐山孝司《計算の庭》2007 年
撮影 ● 木奥恵三
写真提供 ● NTT インターコミュニケーション・センター［ICC］

https://www.ntticc.or.jp/）の「オープン・スペース 2008」で再び展示されました.
　この展示ではゲート数は 6 個で，たとえば

$$+5, +8, -4, \times 3, \times 7, \div 2$$

になっており，出口では＝ 73 で抜け出します．入口には 10 枚ほどのカード

$$(2, 5, 8, 12, 25, 36, 91, \cdots)$$

があって，そこから自由に 1 枚選んで入場するしくみです．庭の中には秤があっ
て，計算途中で現在の値やそれまでの経歴を調べることができます.
　一目見て ＋5 と −4 があることから，掛け算でゴールの 73 に近い値にした後,
少し微調整すれば出られることが分かります．佐藤さんによると，最初はそのよ
うにふるまう人もいるそうで，事前に熟考せずに短時間内に出るには効率がいい
ようです．でもリピーターはゲート通過を最小回数にしようとします．たとえば
最初が 5 のとき,

（×3）で 15,　　（−4）で 11,　　（×7）で 77,　　（−4）で 73

と，計 4 回が最小回数です．佐藤さんたちは，状態遷移図を用いて，大半の場合に最小数が 4 回になるように入口のカードの値を選んだそうです．それより多く必要とするカードには難問の印をつけてあります．

このように，解の難易度を調節するために，一見すると系統的でない値を選ぶ方法を，パズル仲間たちはアメリカンセレクション（通称アメセレ）と呼んでいます．アメリカ製のパズルにこの傾向が強いことから，30 年以上前に私が命名して，それが仲間に広がりました．日本では系統だてて選ぶほうを好む人が多いようです．

佐藤さんたちのしかけは，最小回数を達成するやりかたが，ちょっと見には遠回りのようで気づきにくいことです．

この「計算の庭」では整数に限ったために割り算に制約が生じることが気になりました．それで今回の出題では分数まで許容するように変更しました．整数の世界を有理数に拡張したことになります．

ついでながら，有理数というのは rational number の誤訳だと聞いたことがあります．英語の rational には理性的なという意味のほかに，比（ratio）の形のという意味もあり，ここでは後者で使っているからだそうです．それだと有理数でなくて有比数か何かにすべきようです．私はペンネイムのひとつに有理数（これで「ありす」と読む）を何度か使っており，ちょっと複雑な気もちです．

ともあれ，有理数に拡げるなら，必ず割り算も実行してもらおうと，どのゲートも最低一度は通るという条件を加えました．パラメータ値はアメセレでなく，できるだけ系統だてて選ぶようにして，本問の出題になりました．

球面立方体(sphairacube)を次のように定義する.

(1) 6つの球面(または平面)に囲まれた図形である.
(2) 面と面の交わりは辺をなし，辺が集まったところが頂点となる．面・辺・頂点の繋がり具合は立方体と同じである．（したがって，各面は4本の辺を持ち，辺は12本，頂点は8つあり，各頂点には3本の辺が集まる．）

ここで，理想球面立方体(ideal sphairacube)を次のように定義する.

(3) 各頂点に置いて，辺は互いに接する.

下図はこのような図形の一例である.

このとき，理想球面立方体の8つの頂点は同一球面上にあることを示せ．
［ヒント：次元を1つ落とした形（円弧で囲まれた四角形）で考えてみると，要領がつかめると思います．］

『エレ解』愛好家の皆様，はじめまして．阿原一志と申します．私は，中学生の頃に『エレ解』に出会い，熱中して以来，いつかは出題する側へ行きたいものだと考えておりました．やっとその願いがかないました．

応募くださったのは9名，内訳は30代1名，40代4名，50代3名，60代1名でした．立体幾何の問題は若い方にはなじみが薄かったでしょうか？　幾何のオールドファンの方には楽しんでいただいたようでした．お寄せいただいた解答にはどれも美しい（手書きの）挿絵が添えられており，とても感動しました．

最初にお断りしますが，問題文上「同一球面上に」と言いましたが，ご指摘いただいたとおり，同一平面上になる場合もあります．私は球の反転法による解答を念頭においていたので，「平面 ＝ 球面の特別な場合」と思い込んでいたためのことですが，失礼いたしました．なお，球面立方体(sphairacube)という語は私と荒木義明さん（当時・東京大学）との共同研究中にひねり出した新語です．（一般の多面体は球面体(sphairahedron)と呼んでいます．これも新語です．）

さて，応募いただいた解答のうち，9名中5名を正解とさせていただきます．まず，誤りについて説明します．理想球面立方体という条件から，各頂点での辺の接線を考えることができます．これら8本の接線が1点に会していれば，その交点が求める球の中心であることは間違いありません．が，一般には交わりません．もし8本の接線が1点で交わると仮定すると，それらの接線は求める球と直交することになります．しかし現実にはそうならない例を作ることができます．たとえば，261ページの図5をみると，頂点における辺の接線はz軸と平行ですが，求まった球（この場合には平面）はz軸に直交していません．ですから，辺の接線から中心を割り出そうとした解答は残念ながら正しくないことになります．

また，球面立方体の8つの頂点は，6つの球面の中心が構成する8面体の面上にひとつずつ乗りますが，この点が垂心ではないかという指摘がありましたが，球の半径によっていろいろな点になりえますので，垂心とは限りません．

それでは正解を説明したいと思います．

最初に私が想定した解答を説明します．ほぼこの方法による解答が2通あります．円の反転をご存知のかたはすこし機転を利かせて球の反転を思いつくと，簡単だったようです．まずは，平面上の円の反転と空間上の球の反転について，簡単に復習しておきましょう．

ここからしばらくは平面で考えるのですが，便宜上無限遠点 ∞ も考えます．この場合，「円」と言ったら，通常の意味での円であるか，または直線と無限遠点の和集合であるとします．

平面上の円 C を固定します．円 C に関する反転写像 f を次で定義します．もし C が中心 $\boldsymbol{x}_0$，半径 r の円だとしたら，

$$f(\boldsymbol{x}) := \boldsymbol{x}_0 + \frac{r^2}{\|\boldsymbol{x}-\boldsymbol{x}_0\|^2}(\boldsymbol{x}-\boldsymbol{x}_0) \tag{1}$$

によって定義します．（$f(\boldsymbol{x}_0)=\infty$ です．） 図1（次ページ）で，点 $\boldsymbol{x}$ と点 $f(\boldsymbol{x})$ は中心から伸びる同じ半直線上にあり，$b=\dfrac{r^2}{a}$ の関係式を満たします．例外的な場合で，もし C が「直線 $\cup$ 無限遠点」ならば，$f(\boldsymbol{x})$ は点 $\boldsymbol{x}$ の線対称な点であるとします．この反転写像は次のような性質を持ちます．

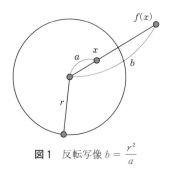

図 1　反転写像 $b = \dfrac{r^2}{a}$

性質1　円の反転による円の像は円である.

性質2　接する 2 つの円は円の反転によって接する 2 つの円へ写される.

　証明はここではしませんが, 線対称の場合はほぼ明らかですし, 上式(1)のとき には計算により示すことができます.
　次に, 「球の反転写像」も定義しておきます. 3 次元空間に無限遠点 ∞ を追加 して考えます. 球の定義も拡張して「平面 ∪ 無限遠点」も許すことにします.　一 般の場合には, 球の反転の式は上の(1)と同じ式を用います.　球が「平面 ∪ 無限 遠点」のときには, 平面による面対称になります.
　球に関する反転は次の性質を持ちます.

性質3　球の反転による球の像は球である.

性質4　球の反転による円の像は円である.

性質5　接する 2 つの円は球の反転によって接する 2 つの円へ写される.

　これらの性質の証明についてですが, 空間内の円が 2 つの球の交わりとして表 現されることを考えれば, 性質 4・5 は性質 3 の系であることがわかります.　性質 3 は計算により求まります.　ここでは細かい証明は省略します.

円の反転を用いて，次元を1つ落とした場合について証明してみましょう．図2を見てください．この図で4点 A, B, C, D が同一円上にあることを示します．この命題がキーとなる補題だということは正解した皆さんの共通認識でした．証明の方法にはいろいろありますので，別解も後で紹介します．まず，点 A を中心とする任意の円 O を考え，図全体を O に関する反転写像で写します．点 A は無限遠点に写りますから，像は図3のようになります．

辺 A′B′, A′D′ は平行線になってしまいます．（上の性質2の特別な場合です．）

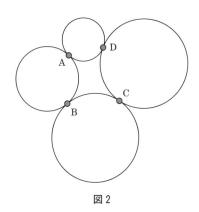

図2

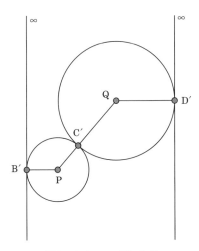

図3　A を ∞ に写した絵

そこで，図2の2つの円の中心をP, Qとしますと，PB′∥D′Qであって，このことから △PB′C′ と △QD′C′ とは相似です．よって，3点B′, C′, D′ は一直線上にあり，これをもとに戻して考えれば，4点A, B, C, Dが同一円周上にあることが示されます．　　　　　　　　　　　　　　　　　　（次元が低い場合の証明終）

　解答をいただいた方の中に，次元を落とした絵で，単に4つの円弧が順々に接しているという条件だけだと4点A, B, C, Dが同一円周上にないような絵も描きうる，という面白い指摘がありましたが，この場合「円が4辺形を囲まなければいけない」という条件を満たしません．でも，厳密さから見て面白い指摘だと思いました．

　この命題を補題とし，話を3次元に戻して，理想球面立方体の場合を考えてみます．

　理想球面立方体 ABCD-EFGH（図4）において，頂点の1つ，Aを中心とする球Oに関する反転写像ですべての図を写します．点Aは無限遠点へ写ります．点Aを含むような3本の辺は平行な直線に写されます（性質5の特別な場合）から，点Aを含むような3つの面は（無限）三角柱を構成することがわかります．示すべき命題は「B′, C′, D′, E′, F′, G′, H′ が同一平面上にあることを示せ」ということになります．ところが，三角柱の3つの面上をみれば，これは図3が現れていますので，三角柱面上にある頂点 B′, C′, D′, E′, F′, H′ はすべて同一平面上にあることがわかります．このことから，8つの頂点のうち7つA, B, C, D, E, F, Hが同一球面上にあることが示されます．「G = 残りの1つ」の選び方は自由なことと球面が

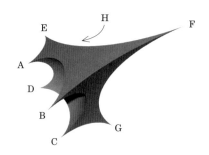

図4　理想球面立方体

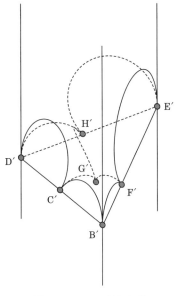

図5 Aを∞に写した絵

4点で定まることから，結局すべての頂点が同一球面上にあることが示されます．

「残りの1つ」という考え方をしなくとも，各面に含まれる4点が同一平面上にあることを主張しても示されます．

この解法の特徴は，反転写像を既知とすれば驚くほど簡単なことです．この解答を念頭において出題しました．

部分的にいくつかの別解がありましたので紹介します．

まず，証明を3つの段階に分けます．

補題1　1次元を落とした場合．つまり，4円が環状にならんでいれば，その4つの接点が同一円上にあることを示す．

補題2　理想球面立方体の各面について，その面にある4頂点は同一円周上にある．

定理 理想球面立方体の8頂点は同一球面(または平面)上にある.

上では,補題1を円の反転写像を用い証明しましたが,この部分はもっと素朴に角度の計算でも証明できるようです.

補題1の別証明(つくば市・yaz氏による)

図6を見てください.内接外接の具合はこの絵に限りませんが,結局同じようにして示せますので,この図の場合で示します.4つの円の中心を O_1, O_2, O_3, O_4 とし,4つの接点を A, B, C, D とします.図より

$$O_1A = O_1D, \quad O_2B = O_2A, \quad O_3C = O_3B, \quad O_4D = O_4C$$

であって,

$$\angle O_1AD = \angle O_1DA, \quad \angle O_2BA = \angle O_2AB,$$

$$\angle O_3CB = \angle O_3BC, \quad \angle O_4DC = \angle O_4CD$$

であることがわかります.4つの二等辺三角形の内角の和は 4π であることと,四角形 $O_1O_2O_3O_4$ の内角の和が 2π であることから,

$$\angle O_1AD + \angle O_2AB + \angle O_3CB + \angle O_4CD = \frac{4\pi - 2\pi}{2} = \pi$$

となります.このことより直ちに $\angle BAD + \angle DCB = \pi$ であり,4角形 ABCD が円に内接することが示されました. (補題1の別証明終わり)

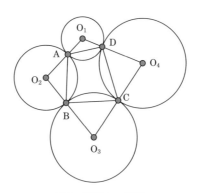

図6 補題1の別解

補題 1 を方冪の定理から証明する方法も教えていただきました．補題 1 から補題 2 を導くには，球の反転を用いるのがもっとも簡明なのですが，補題 1 を用いずに補題 2 を直接証明する方法もあるようです．

図 7 を見てください．ここで補題 2′ を用意します．

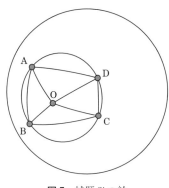

図 7 補題 2′ の絵

補題 2′ 球面幾何において，四角形 ABCD が円に内接するための必要十分条件は，

$$\angle ABC + \angle CDA = \angle BCD + \angle DAB$$

である．

補題 2′ の証明

内接四角形 ABCD が上式を満たすことは図 7 より計算できる．実際に円の中心を O とすれば，

$$\angle ABC + \angle CDA = \angle OBA + \angle OBC + \angle ODA + \angle ODC$$
$$= \angle OCB + \angle OCD + \angle OAD + \angle OAB$$
$$= \angle BCD + \angle DAB$$

である．逆に四角形が上式を満たすと仮定する．球面幾何においても円は 3 点で決まることから，3 点 A, B, C を通る点を描くと，上式から点 D もその円周上になければいけないことになる．（詳細は省略．）

263

この補題 2′ を使えばこのようになります.

補題 2′ を使った補題 2 の別証明

図 4 の理想球面立方体 ABCD-EFGH について，4 点 A, B, C, D を通る球の上で考えてみると，球面幾何の意味で図 6 と同じ絵が現れる．この図より容易に ∠ABC＋∠CDA ＝ ∠BCD＋∠DAB が満たされる．このことから四角形 ABCD は内接四角形である．　　　　　　　　　　　　　（補題 2 の別証明終わり）

補題 2 が示されれば，問題の定理を証明するのは（いろいろな方法がありますが）簡単です．理想球面立方体の面の 4 頂点 A, B, C, D が同一円周上にあると言うことから，この 4 点から等距離にある点の集合は直線になります（図 8）．このような直線を，隣りの面 ABFE についても考えると，この 2 直線は線分 AB の垂直二等分面上にあるということから，交点を持つことがわかります．これが求める球の中心です．（2 直線が平行な場合は 8 点が平面上にある場合になります．）あとは，ほかの 2 点 G, H からも等距離にあることを示せばよいのですが，G については，4 点 B, F, G, D からの等距離直線がこの球の中心を通ることを示します．球の中心は，線分 BF の垂直二等分面上にあり，かつ線分 BD の垂直二等分面上にあります．B, F, G, D からの等距離直線はこの 2 つの垂直二等分面を含みますから，すなわち，求める球の中心も通ることが示せます．H に関しても同様です．
　　　　　　　　　　　　　　　　　　　　　　　　　　　　（証明終わり）

勉強している過程で，思いもよらない美しい性質に出会うことがあります．こ

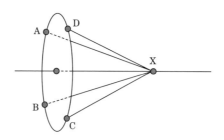

図 8　円の中心を通り円に直交する直線

の問題は，4次元擬フックス群の基本領域を考察していたときに，ふと現れた性質でした．フックス群の研究の本筋とは関係ありませんでしたが，ほんわかと心に残る命題でした．この場を借りてご紹介できたことをうれしく思います．1つ宿題を出しましょう．

宿題 理想球面立方体の面角がすべて 60 度の場合を考えると，4 直線 AB, CD, EF, GH は 1 点で交わることを示せ．特に，ある球面が存在し，その反転により，A は B に，C は D に，E は F に，G は H に写されることを示せ．

「エレガントな解答をもとむ」 問題の作り方・解き方

清宮俊雄

はじめに

　「エレガントな解答をもとむ」に出題をはじめたきっかけや当時の様子については，今ではあまり覚えていません．以前より，私の作った問題のいくつかを『数学セミナー』でも紹介していただいていたのですが，矢野健太郎さんなど編集委員の先生方の薦めもあり，いつの頃からか出題するようになったようです[1]．

　102 歳となった今では，問題をたくさん作ることはできませんが，当時は毎日のように考えて，数え切れないほど新しい初等幾何の問題を作っていました．『数学セミナー』だけではなく，カナダの雑誌『Crux Mathematicorum』[2]にも問題を投稿していました．

　私の場合は，ある図形を思い描き，そこからイメージを膨らませていくと，自然に問題ができてくるので，私独自の問題の作り方の「コツは？」と言われると特にないように思います．

　しかし，私が 15 歳の頃に書いた論文「創作問題について」[3]でも触れています

---

1 ）［編集部註］記録上で追える最初の出題が，1980 年 4 月号の問題です(1980 年 7 月号講評)．当時，清宮先生は 70 歳でした．なお，最初にご執筆いただいた記事は，1969 年 5 月号の「幾何学」(特集・大学生の数学)で，59 歳のときのものです．1970 年代には連載も行っています．

2 ）［編集部註］初等幾何を含む，幅広いジャンルの「数学の問題」が数多く掲載されている英文誌．現在は，別の雑誌と統合し，『Crux Mathematicorum with Mathematical Mayhem』という名称になっています．

3 ）［編集部註］『数学セミナー』2010 年 11 月号で，1925 年当時の原文のまま一部を紹介しています．

が，問題を作るときによく使っているのが以下のようなことです.

    (1) 問題の転化(一般化(拡張)する・特殊化する).

    (2) 逆を作る.

    (3) ある定理，もしくは図形の持つ諸性質よりヒントを得て作る.

    (4) 任意の図形を描き，それらの性質を考究する.

以下では実際に，初等幾何のいくつかの問題や解答を紹介します. 上のことがらがどのように働いているか，考えながらお読みください.

その1

△ABC の ∠A の 2 等分線が △ABC の外接円と再び交わる点を D とする. この図を眺めていて，ふと AB＋AC が AD に等しい場合，△ABC はどんな三角形になるだろうかと考えた(図1).

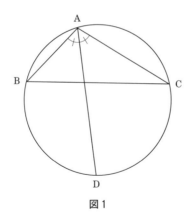

図1

問題1   △ABC の ∠A の 2 等分線が △ABC の外接円と交わる点を D とするとき，AB＋AC ＝ AD ならば △ABC はどんな三角形であるか.

COLUMN

解答1 辺 AC の A をこえた延長上に点 E を，AE ＝ AB であるようにとり，E と B を結ぶ(図 2)．AE ＝ AB だから

$$\angle AEB = \angle ABE = \frac{1}{2}\angle BAC$$

であり

$$\angle CEB = \frac{1}{2}\angle BAC = \angle BAD$$

となる．また，

$$\angle ECB = \angle ACB = \angle ADB$$

である．これらと

$$EC = AE + AC = AB + AC = AD$$

から

$$\triangle BEC \equiv \triangle BAD.$$

よって，BE ＝ BA である．したがって，△ABE は正三角形であるから

$$\angle BAE = 60°.$$

これより，∠BAC ＝ 120° である．

逆に，∠BAC ＝ 120° であれば △ABE は正三角形であるから BE ＝ BA．これと

$$\angle BEC = 60° = \angle BAD,$$

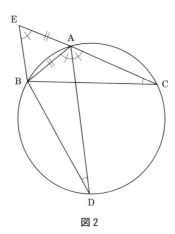

図 2

268

写真 1 筆者近影（2012 年 6 月 4 日撮影）

および

$$\angle ECB = \angle ACB = \angle ADB$$

から

$$\triangle BEC = \triangle BAD.$$

よって EC = AD，すなわち AB+AC = AD がいえる．

ゆえに AB+AC = AD であるための必要かつ十分な条件は，$\angle BAC = 120°$ である． □

別解を示す．

解答 2　AC の C をこえた延長上に点 F を CF = AB であるようにとる（次ページ図 3）．すると，

$$AF = AC+CF = AC+AB = AD$$

である．また，$\angle BAD = \angle CAD$ だから BD = CD である．

これらと，$\angle DBA = \angle DCF$ から

$$\triangle DBA \equiv \triangle DCF$$

となる．よって DA = DF である．

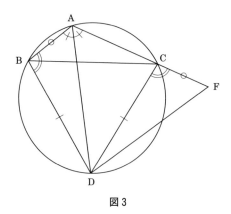

図3

したがって，△DAF は正三角形となるから

$$\angle DAF = 60°$$

であり，よって $\angle BAC = 120°$ である.

逆に，$\angle BAC = 120°$ のときは $\angle DAF = 60°$ で DA = DF から △ADF は正三角形になるから

$$AD = AF = CF + AC = AB + AC$$

である. □

さて，AD, BC の交点を S とし，CA の A をこえた延長線上の点を T とする（図4）. $\angle BAC = 120°$ だから $\angle TAB = 60°$.

よって，

$$\angle TAB = \angle BAS = \angle SAC$$

である.

△ABS において，AC は $\angle BAS$ の外角を2等分するから

$$BC : SC = AB : AS.$$

よって，

$$\frac{SC}{BC} = \frac{AS}{AB}$$

である. 同様に，AB は △ASC の $\angle SAC$ の外角を2等分するから

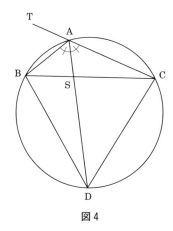

図4

$$\frac{\text{BS}}{\text{BC}} = \frac{\text{AS}}{\text{AC}}$$

である.

これより,

$$\frac{\text{AS}}{\text{AB}} + \frac{\text{AS}}{\text{AC}} = \frac{\text{SC}}{\text{BC}} + \frac{\text{BS}}{\text{BC}} = \frac{\text{SC+BS}}{\text{BC}} = \frac{\text{BC}}{\text{BC}} = 1,$$

ゆえに,

$$\frac{1}{\text{AB}} + \frac{1}{\text{AC}} = \frac{1}{\text{AS}}$$

という性質が成り立つ.

逆に, $\dfrac{1}{\text{AB}} + \dfrac{1}{\text{AC}} = \dfrac{1}{\text{AS}}$ ならば

$$\frac{\text{AS}}{\text{AB}} + \frac{\text{AS}}{\text{AC}} = 1$$

であり, △ABS∽△CDS より

$$\frac{\text{AS}}{\text{AB}} = \frac{\text{CS}}{\text{CD}},$$

△ACS∽△BDS より

$$\frac{\text{AS}}{\text{AC}} = \frac{\text{BS}}{\text{BD}}$$

である. ∠BAD = ∠CAD より BD = CD だから,

$$\frac{AS}{AB} + \frac{AS}{AC} = \frac{CS}{CD} + \frac{BS}{BD} = \frac{CS+BS}{BD} = \frac{BC}{BD}.$$

仮定より,

$$\frac{AS}{AB} + \frac{AS}{BC} = 1$$

だから $\frac{BC}{BD} = 1$, よって BC = BD となる. これはすなわち BC = BD = CD で, △BCD は正三角形であるから, ∠BDC = 60°. よって, ∠BAC = 120° である.

以上をまとめることで, 次のような問題が出来上がる.

問題 2 △ABC の ∠A の 2 等分線と BC との交点を S とする. ∠BAC = 120° であるための必要かつ十分な条件は,

$$\frac{1}{AB} + \frac{1}{AC} = \frac{1}{AS}$$

であることを示せ.

その 2

今度のものは, 図形のよく知られた性質を出発点としている.

問題 3 △ABC の ∠A の 2 等分線が BC と交わる点を D とし, また △ABC の外接円と交わる点を E とすれば

$$AD \cdot AE = AB \cdot AC$$

であることを示せ.

証明 ∠ABD = ∠ABC = ∠AEC, ∠BAD = ∠EAC だから

$$\triangle ABD \backsim \triangle AEC$$

である. よって,

$$AB : AE = AD : AC$$

である.

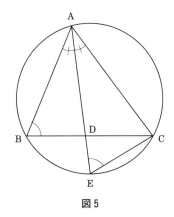

図5

これより,

$$AD \cdot AE = AB \cdot AC$$

である. □

この逆を考える.

考察 △ABC の A を通る直線が辺 BC と D, △ABC の外接円と再び E で交わるとき

$$AD \cdot AE = AB \cdot AC$$

ならば AD は $\angle A$ を2等分するか.

2等分線以外にこの性質をもつ直線があったとする.

辺 BC 上に点 F を $\angle CAF = \angle BAD$ であるようにとれば

$$\angle BAE = \angle BAD = \angle CAF, \qquad \angle AEB = \angle ACB = \angle ACF$$

となる(次ページ図6). だから,

$$\triangle ABE \backsim \triangle AFC$$

である. よって

$$AB : AF = AE : AC,$$

ゆえに

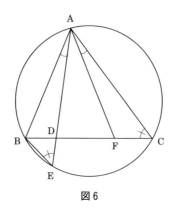

図 6

AE・AF ＝ AB・AC

となる.

ところで，AD・AE ＝ AB・AC だから

AE・AF ＝ AD・AE

であり，よって AF ＝ AD.

ゆえに，

∠ADF ＝ ∠AFD

となる．この 2 角は，

∠ADF ＝ ∠BAD＋∠ABC,   ∠AFD ＝ ∠FAC＋∠ACB

であった．よって

∠BAD＋∠ABC ＝ ∠FAC＋∠ACB

となる．∠BAD ＝ ∠FAC だから ∠ABC ＝ ∠ACB．よって，AB ＝ AC である.

逆に AB ＝ AC のとき，A を通り辺 BC と D で，△ABC の外接円と E で交わ
る直線を引くと

∠AEB ＝ ∠ACB ＝ ∠ABC ＝ ∠ABD

だから，AB は B において △BED の外接円に接する．よって

AD・AE ＝ AB² ＝ AB・AC.

ゆえに，2 等分線以外で AD・AE ＝ AB・AC が成り立つのは AB ＝ AC の場合
に限るわけである.

では，AB ≠ AC の場合はどうなるのか.

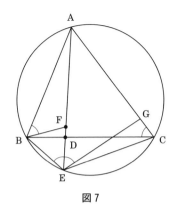

図7

　AB < AC とする．A を通り辺 BC と D で，また △ABC の外接円と E で交わる直線を引く（図7）．

　線分 AE 上に点 F を ∠ABF = ∠ACB にとれば，∠ACB < ∠ABC だから ∠ABF < ∠ABC，すなわち ∠ABF < ∠ABD である．

　よって F は線分 AD 上にある．ゆえに，AF < AD である．

　　　∠ABF = ∠ACB = ∠AEB

だから，AB は B において △BEF の外接円に接する．

　よって，

　　　$AB^2 = AF \cdot AE < AD \cdot AE$

である．

　　　∠AEC = ∠ABC > ∠ACB = ∠ACD

だから，線分 AC 上に点 G を ∠AEG = ∠ACD であるようにとれる．∠DEG = ∠GCD だから，4点 D, E, C, G は同一円周上にある．

　よって，

　　　$AD \cdot AE = AG \cdot AC < AC^2$

である．ゆえに，

　　　$AB^2 < AD \cdot AE < AC^2$

という関係がわかる．

　次に，線分 DC 上の点を P とし，直線 AP が再び円と交わる点を Q とする（図

8). このとき,

$$\angle AQE = \angle AQB + \angle BQE = \angle ACB + \angle BAE$$
$$< \angle ABC + \angle BAD = \angle ABD + \angle BAD$$
$$= \angle ADP$$

である.

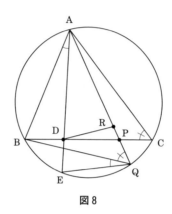

図 8

AQ 上に R を $\angle ADR = \angle AQE$ にとれば, $\angle AQE < \angle ADP$ だから

$\angle ADR < \angle ADP$.

よって, R は線分 AP 上にある. ゆえに, AR < AP である.

また, $\angle ADR = \angle AQE$ だから, 4 点 D, E, Q, R は同一円周上にある. よって

$$AD \cdot AE = AR \cdot AQ < AP \cdot AQ.$$

ゆえに, $AD \cdot AE$ は D が BC 上を B から C まで動くとき単調に増加する.

その3

次の問題は, 平行四辺形の対角線に平行な直線を引いたとき, できる図形の面積について考えた, というのが出発点である.

問題 4 平行四辺形 ABCD の対角線 AC に平行な直線が辺 AD, CD と交わる点

を E, F とすれば △ABE = △BCF である.

証明 1 AE∥BC だから,

△ABE = △ACE,

EF∥AC だから,

△ACE = △ACF,

AB∥FC だから,

△ACF = △BCF

である. すなわち,

△ABE = △ACE = △ACF = △BCF.

よって, △ABE = △BCF である. □

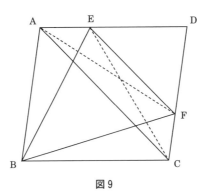

図 9

証明 2

△ABE : △ABD = AE : AD

である. EF∥AC だから,

AE : AD = CF : CD

となる. 一方,

△BCF : △BCD = CF : CD

である. よって,

△ABE : △ABD = △BCF : △BCD.

△ABD と △BCD は合同だから面積は等しい．したがって，△ABE = △BCF.

$\Box$

この証明からわかるように，△ABD = △BCD ならば，四辺形 ABCD が平行四辺形でなくても，EF∥AC ならば △ABE = △BCF である．

BD と AC の交点を M とすると，△ABD = △BCD の条件は AM = MC におきかえることができる．よって次の問題が出来上がる．

問題5 凸四辺形 ABCD の対角線 AC, BD の交点を M とするとき，AM = MC であるとする．AC に平行な直線が辺 AD, CD と交わる点を E, F とすれば

△ABE = △BCF

であることを示せ．

（EF∥AC のとき △ABE = △BCF となるための必要かつ十分な条件が AM = MC となるのである．）

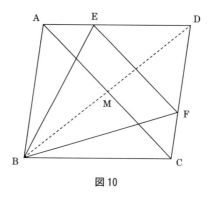

図10

その4

以下では，任意の図形にある条件を加えたときに，どのような性質が現れるかを考える．

2円 O, O' の交点を A, B とし，A を通る直線が円 O, O' と交わる点を P, Q とす

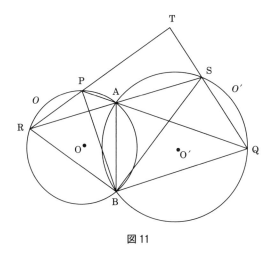

図 11

る．また A を通る別の直線が円 O, O' と交わる点を R, S とし，PR, QS の交点を T とする（図 11）．

PQ = RS のときの T について考えてみよう．まず，

$$\angle BPQ = \angle BPA = \angle BRA = \angle BRS,$$

$$\angle BQP = \angle BQA = \angle BSA = \angle BSR$$

であり，これらと PQ = RS から

$$\triangle BPQ \equiv \triangle BRS$$

である．よって，BP = BR，BQ = BS となる．

PR の中点を M とすると，BP = BR から BM⊥PR である．

また OM⊥PR なので，B, O, M は一直線上にある．QS の中点を N とすると，同様に B, O', N は一直線上にある．

$$\angle BPR = \angle BAR = \angle BQS,$$

$$\angle BRP = \angle BAQ = \angle BSQ$$

だから，

$$\triangle BPR \backsim \triangle BQS$$

となる．

O, O' は対応点で M, N も対応点だから

$$BO : BM = BO' : BN.$$

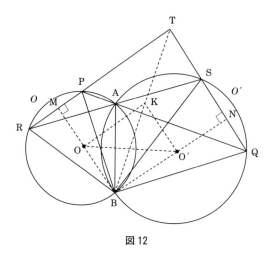

図 12

O を通り MT に平行に引いた直線と BT との交点を K とすると,

BK : BT = BO : BM.

よって

BK : BT = BO′ : BN

である．ゆえに，KO′∥TN が言える．よって

∠BOK = ∠BMT = ∠R,

∠BO′K = ∠BNT = ∠R.

ここから，BK は △BOO′ の外接円の直径である．すなわち，BT は △BOO′ の外接円の中心を通る．

これを定理の形にまとめると，以下のようになる．

定理　2 円 $O, O′$ の交点を A, B とする．A を通る直線が円 $O, O′$ と交わる点を P, Q とし，また A を通る別の直線が円 $O, O′$ と交わる点を R, S とする．そして，PR と QS の交点を T とする．

このとき，PQ = RS ならば，直線 BT は △BOO′ の外接円の中心を通る．

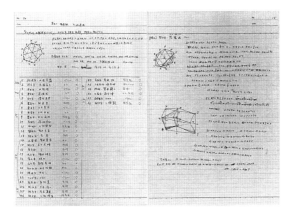

写真 2 「エレガントな解答をもとむ」の採点ノート．印象に残った読者解答は，このノートに書き留めて講評の際に紹介している．

問題作りのすすめ

　読者の皆さんに伝えたいこと，それは，初等幾何の問題を解くだけではなく，問題自身も作ってみて欲しいということです．

　私は旧制中学 3 年の頃から，幾何の問題を解くことにのめり込みました．その後,「ピタゴラスの定理」の別証明を 10 も 20 も考えていくうちに，次第に問題が作れるようになり，最後は数学者にまでなってしまいました．

　初等幾何の問題をより良く解ける人は，より良い問題を作れる可能性を秘めています．ぜひ,「問題作り」に挑戦してみてください．

出題者紹介・初出一覧 [出題順]

清宮俊雄（せいみや・としお）
2013 年没
2012 年 3 月号出題／6 月号解答
コラム：2012 年 8 月号

細川尋史（ほそかわ・ひろし）
学び DESIGN 塾 P.M.C. 代表
2001 年 7 月号出題／10 月号解答

ピーター・フランクル（Peter Frankl）
2018 年 9 月号出題／12 月号解答

知念宏司（ちねん・こうじ）
近畿大学理工学部教授
2011 年 10 月号出題／2012 年 1 月号解答

佐久間一浩（さくま・かずひろ）
近畿大学理工学部教授
2020 年 3 月号出題／6 月号解答

安田 亨（やすだ・とおる）
株式会社ホクソム代表
2005 年 2 月号出題／5 月号解答

永田雅宜（ながた・まさよし）
2008 年没
2001 年 10 月号出題／2002 月 1 月号解答

縫田光司（ぬいだ・こうじ）
九州大学マス・フォア・インダストリ研究所
教授
2017 年 3 月号出題／6 月号解答

中本敦浩（なかもと・あつひろ）
横浜国立大学環境情報研究院教授
2006 年 2 月号出題／5 月号解答

一松 信（ひとつまつ・しん）
京都大学名誉教授
2009 年 5 月号出題／8 月号解答
コラム：2012 年 5 月号

大島邦夫（おおしま・くにお）
東京理科大学名誉教授
2003 年 4 月号出題／7 月号解答

斎藤新悟（さいとう・しんご）
九州大学基幹教育院准教授
2020 年 5 月号出題／8 月号解答

岩井齊良（いわい・あきら）
2021 年没
2011 年 1 月号出題／4 月号解答

加納幹雄（かのう・みきお）
茨城大学名誉教授
2001 年 3 月号出題／6 月号解答

濵中裕明（はまなか・ひろあき）
兵庫教育大学大学院連合学校教育学研究科教授
2018 年 6 月号出題／9 月号解答

小関健太（おぜき・けんた）
横浜国立大学大学院環境情報研究院准教授
2019 年 4 月号出題／7 月号解答

岩沢宏和（いわさわ・ひろかず）
パズル・デザイナー／早稲田大学大学院会計
研究科客員教授
2019 年 10 月号出題／2020 年 1 月号解答

植野義明（うえの・よしあき）
東京大学非常勤講師
2016 年 9 月号出題／12 月号解答

徳重典英（とくしげ・のりひで）
琉球大学教育学部教授
2008 年 12 月号出題／2009 年 3 月号解答

天羽雅昭（あもう・まさあき）
群馬大学大学院理工学府教授
2000 年 8 月号出題／11 月号解答

小谷善行（こたに・よしゆき）
東京農工大学名誉教授
2012 年 2 月号出題／5 月号解答

浅井哲也（あさい・てつや）
2005 年 12 月号出題／2006 年 3 月号解答

竹内郁雄（たけうち・いくお）
東京大学名誉教授
2004 年 8 月号出題／11 月号解答
コラム：書き下ろし

加古 孝（かこ・たかし）
2021 年没
2018 年 10 月号出題／2019 年 1 月号解答

西山 豊（にしやま・ゆたか）
大阪経済大学名誉教授
2017 年 7 月号出題／10 月号解答

土岡俊介（つちおか・しゅんすけ）
東京工業大学情報理工学院講師
2020 年 8 月号出題／11 月号解答

米澤佳己（よねざわ・よしみ）
豊田工業高等専門学校教授
2019 年 9 月号出題／12 月号解答

河添 健（かわぞえ・たけし）
慶應義塾大学名誉教授／放送大学客員教授／
神田外語大学客員教授／東京女子学園中学
校・高等学校校長
2009 年 10 月号出題／2010 年 1 月号解答

山田修司（やまだ・しゅうじ）
京都産業大学理学部教授
2003 年 11 月号出題／2004 年 2 月号解答
コラム：書き下ろし

今井貞三（いまい・ていぞう）
山梨大学名誉教授
2000 年 10 月号出題／2001 年 1 月号解答

有澤 誠（ありさわ・まこと）
慶應義塾大学名誉教授
2008 年 6 月号出題／9 月号解答

阿原一志（あはら・かずし）
明治大学総合数理学部教授
2006 年 3 月号出題／6 月号解答

エレガントな解答をもとむ
名作セレクション 2000〜2020

2022 年 9 月 30 日　第 1 版第 1 刷発行

編者 ——————— 数学セミナー編集部

発行所 ——————— 株式会社　日本評論社
　　　　　　　　　〒170-8474　東京都豊島区南大塚 3-12-4
　　　　　　　　　電話　(03) 3987-8621 ［販売］
　　　　　　　　　　　　(03) 3987-8599 ［編集］

印刷 ——————— 株式会社　精興社

製本 ——————— 株式会社　難波製本

装丁 ——————— 山田信也 （ヤマダデザイン室）